センサネットワーク技術

ユビキタス情報環境の構築に向けて

SENSOR NETWORK TECHNOLOGY

編著 | 安藤 繁・田村陽介・戸辺義人・南 正輝

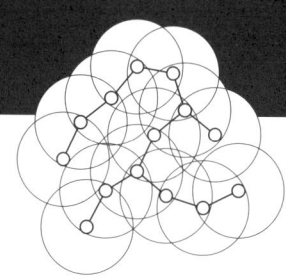

東京電機大学出版局

本書の全部または一部を無断で複写複製（コピー）することは，著作権法上での例外を除き，禁じられています。小局は，著者から複写に係る権利の管理につき委託を受けていますので，本書からの複写を希望される場合は，必ず小局（03-5280-3422）宛ご連絡ください。

まえがき

　テレメータなどのシステムに代表されるように，センサから得られた物理情報を有線・無線ネットワークを介して収集し，様々な分析や制御に用いることは古くから行われてきた．たとえば，工場の生産現場はセンサが最も活躍する場所の一つであるが，そのような場所ではFA（ファクトリオートメーション）という形で，複数のセンサの協調動作により複雑な工程を制御することが日常的に行われている．こうしたシステムを支えるために，計測・制御技術分野ではその基本課題として，センシングと知能，センシングと知識，あるいはセンシングと通信について様々な角度から継続的に研究がなされてきた．

　それではなぜ今，センサネットワーク，とりわけ無線センサネットワークが大きく取り上げられているのであろうか．その理由の一つとして，近年，無線通信機能を持つ情報通信端末の小型化，低コスト化が飛躍的に進んだことがあげられる．このような小型の情報通信端末が，実世界とコンピュータネットワークの融合であるユビキタスコンピューティングの実現に向けてセンシング機能を保持することは，極めて自然な流れである．通信ノードは同時にセンサとなり，自身が検出した情報を発信するだけではなく他のノードが発した情報を中継することにより，多数の通信ノードが面状に広がってセンシングを行うことができる．さらに技術の進歩により，無線センサノードを1個のLSIとすることまでも可能となってきた．このような無線センサノードを用いれば，これまでの計測システムとは比較にならないくらい大規模かつ高解像度の分散計測システムを，莫大な数の安価な無線センサノードによって構築することが可能となり，それによって超高層ビルや大型橋梁などの構造物のモニタリング，道路や鉄道などの交通網の監視システム，都市環境制御などの実現が期待できるようになる．

しかしその一方で，長年に渡って検討されてきた計測技術においては，こうしたセンサネットワークにより従来不可能であったどのようなセンシング機能が新たに生み出されるのか，それを実現するための本質的な技術課題は何かということを深く検討することが大切である．たとえば，センサネットワークの持つ利点を引き出すための技術的ポイントは何か，あるいはセンサネットワークを活用した具体的事例は何かなどを知ることが重要である．具体的には，センサネットワークにおいては，制約のある資源（電力資源，計算資源，通信資源）をどのように効率的に利用するかということが第一の課題となるが，究極の資源効率を実現するために，階層化によるシステムの拡張性の利点を犠牲にしてでもアプリケーションを重視した設計が要求される場合がある．また，センサネットワークのノードにインターネットのノードのような固有のアドレスを割り当てる必要があるか否か，ネットワーク上の中継ノードによるデータの内部処理など，従来のネットワークの枠組みにとらわれない新たな視点による通信システムの設計が必要となる．

　本書は，こうした視点から計測自動制御学会ネットワークセンシングシステム部会運営委員の編著者を中心に，専門の研究者がプラットフォーム，プロトコル，情報処理，応用システムの現状を総括し，今後の発展の道しるべとして記すものである．読者の方々が本書によってセンサネットワークの重要性をご理解いただき，センサネットワークを利用した具体的なシステム開発や新たなアプリケーション発見の一助となれば著者らにとってこの上ない喜びである．

　最後に，情報を提供してくださった，西宮市総合企画局情報政策部情報システムグループ課長　久保田邦夫様，近畿総合通信局電波監理部企画調整課課長補佐　國政和清様，(株)オーエステクノロジー　尾崎研三様，図表の修正に協力いただいた東京電機大学　牧村和慶君，鈴木亮平君，本書の出版にあたり企画段階からお世話になった東京電機大学出版局　菊地雅之氏に深く感謝する．

2005年5月

　　　　　　　　　　　　　　　安藤繁，田村陽介，戸辺義人，南 正輝

目次

第1章　ネットワークセンシングの背景　　1
- 1.1　実世界・物理世界のユビキタス情報化　　1
- 1.2　ネットワークセンシングの背景と目的　　2
  - 1.2.1　限定環境のセンサから全環境のセンサへ　　2
  - 1.2.2　単点独立型の計測から多次元融合型の計測へ　　2
  - 1.2.3　実世界情報化進展の二つの形態とその統合　　3
  - 1.2.4　実世界オブジェクト指向　　4
  - 1.2.5　ユビキタスコンピューティング　　5
  - 1.2.6　ウェアラブルコンピューティング　　6
- 1.3　情報化におけるセンシングの役割　　8
  - 1.3.1　キーワードは"consistency"　　8
  - 1.3.2　トレーサビリティ　　9
- 1.4　ネットワークセンシングの要素技術　　10
  - 1.4.1　無線センサネットワーク　　10
  - 1.4.2　RFIDタグ　　12
  - 1.4.3　センサフュージョン　　14
  - 1.4.4　知能化センサ　　18
  - 1.4.5　校正と同期　　19
  - 1.4.6　位置検出　　20
  - 1.4.7　低消費電力と電力供給　　21
  - 1.4.8　バイオメトリクス個人認証　　21

  1.4.9　画像検索 …………………………………………………… 22
 1.5　情報に着眼するセンシング原理 ………………………………… 23
  1.5.1　情報の流れに注目する ……………………………… 24
  1.5.2　場とセンサを一体化する …………………………… 25
  1.5.3　重なり合った要因を分離し統合する ……………… 26
 1.6　研究事例の紹介 …………………………………………………… 28
  1.6.1　RFIDタグに基づく知識共有視覚システム ………… 28
  1.6.2　情報宅配便 …………………………………………… 30
  1.6.3　近隣センサの重複測定による最適同期形成 ……… 31
 1.7　取り組むべき研究分野 …………………………………………… 36
 参考文献 …………………………………………………………………… 37

第2章　センサネットワークのプラットフォーム　　41

 2.1　プラットフォーム開発の歴史 …………………………………… 42
 2.2　プラットフォームの構成要素 …………………………………… 45
  2.2.1　通信モジュール ……………………………………… 45
  2.2.2　マイクロプロセッサ ………………………………… 50
 2.3　MICA MOTE と TinyOS ………………………………………… 52
  2.3.1　MICA MOTEの概要 ………………………………… 52
  2.3.2　TinyOSのデザイン …………………………………… 54
  2.3.3　TinyOSの計算モデル ………………………………… 55
  2.3.4　TinyOS用のプログラム言語：NesC ……………… 58
  2.3.5　TinyOSにおける通信方式 …………………………… 59
  2.3.6　MICA MOTE と TinyOSの展望 …………………… 60
 2.4　i-Bean ……………………………………………………………… 63
 2.5　マイクロノード …………………………………………………… 66
 2.6　SmartIts …………………………………………………………… 71
 2.7　SensorWeb ………………………………………………………… 72

2.8　Pushpin Computing ……………………………………… 73
　2.9　U-Cube ……………………………………………………… 75
　2.10　実用上の重要な技術課題 ………………………………… 79
　　2.10.1　電源問題 ……………………………………………… 79
　　2.10.2　ローカライゼーション技術 ………………………… 83
　参考文献 …………………………………………………………… 90

第3章　センサネットワークのプロトコル　　93

　3.1　基礎技術 ……………………………………………………… 95
　　3.1.1　時刻同期 ……………………………………………… 96
　　3.1.2　RBS（Reference-Broadcast Synchronization） ……… 96
　　3.1.3　位置測定 ……………………………………………… 99
　3.2　データリンク層 …………………………………………… 104
　　3.2.1　MCAプロトコル ……………………………………… 104
　　3.2.2　適応型トポロジ ……………………………………… 109
　　3.2.3　トポロジ制御 ………………………………………… 113
　3.3　ネットワーク層 …………………………………………… 114
　　3.3.1　アドホックネットワークとの関係 ………………… 115
　　3.3.2　アドホックネットワーク経路制御 ………………… 116
　　3.3.3　位置情報を利用した経路制御 ……………………… 122
　　3.3.4　センサネットワークの特徴 ………………………… 124
　　3.3.5　データ散布方式 ……………………………………… 127
　3.4　トランスポート層 ………………………………………… 135
　　3.4.1　信頼性 ………………………………………………… 136
　　3.4.2　輻輳制御 ……………………………………………… 139
　参考文献 ………………………………………………………… 141

第4章　センサデータ情報処理　　145
- 4.1　高度センサネットワーク環境　　146
- 4.2　問合せ記述　　150
- 4.3　問合せ処理　　151
  - 4.3.1　フラッディング　　152
  - 4.3.2　ルーティングツリーの構築　　153
  - 4.3.3　データセントリックルーティング　　154
  - 4.3.4　ネットワーク内データ集約　　156
  - 4.3.5　センサデータベースに対する宣言的問合せ　　159
  - 4.3.6　ストリームデータのデータベース演算　　163
  - 4.3.7　センサデータの統合利用　　168
- 4.4　プログラム記述　　171
- 4.5　コンテクストアウェアシステム　　175
  - 4.5.1　センシングとコンテクストハンドリング　　175
  - 4.5.2　ロケーションアウェアコンピューティング　　178
  - 4.5.3　実世界指向コンピューティング　　179
- 参考文献　　181

第5章　センサネットワークの応用システム　　187
- 5.1　気象・水文計測システム　　188
  - 5.1.1　データの特徴　　188
  - 5.1.2　気象・水文センサの種類　　189
  - 5.1.3　測定点の機能　　191
  - 5.1.4　気象・水文システムのネットワーク化　　194
  - 5.1.5　応用例　　195
  - 5.1.6　センサネットワークの高度利用　　198
- 5.2　建築物の健全性診断システム　　200
  - 5.2.1　センサネットワーク応用の背景　　200

	5.2.2　日本女子大百年館	202
	5.2.3　慶應義塾大学来往舎	203
5.3	無線センサネットワークの応用システム	205
	5.3.1　無線センサネットワークシステムの概要	205
	5.3.2　実社会志向の応用システムに向けて	207
	5.3.3　環境モニタリング	207
	5.3.4　ヘルスケア支援	218
	5.3.5　教育支援	224
	5.3.6　ビジネス支援	225
5.4	センサネットワークの今後の課題および広がり	227
	5.4.1　センサアクチュエータネットワーク	227
	5.4.2　ヒューマンインタフェース	228
	5.4.3　実装と管理	229
	5.4.4　コストおよびオープン化	231
	5.4.5　プライバシー	231
参考文献		233
索引		239

第1章

ネットワークセンシングの背景

1.1 実世界・物理世界のユビキタス情報化

　センサネットワーク，特に無線センサネットワークの研究が急速に拡大している．センサは同時に通信ノードであり，自分が検出した情報を発信するだけでなく，周囲の他のセンサの情報を中継する．このような多数の通信ノードの自律協調動作により，面的に尽くされた通信環境を実現する．また，これにより多数のセンサの情報をどこからでも自在に活用できる環境を実現する．これが無線センサネットワークの目標である．

　システムとネットワークとの結合は無線センサネットワークの発展で，まさに異次元的と言える拡大を見せることは明らかであろう．しかし，ほとんどの技術者にとって問題はここから始まる．センサのネットワーク化で，いったいどのような機能が得られるのか，何に応用するのが適しているのか，どのくらいの規模で展開する必要があるのか，コストはどれだけかかるのか，果たしてそれに見合うだけの価値が生み出せるのか等々．実際，学会や工業会等の調査研究会主催でこれまでに度々開催された講演会において，多くの参加者から同様な質問が繰り返し寄せられた．考えるに，センサネットワークの機能面，つまり応用ソフトウェアやコンテンツからの概念提示，問題提起が求められているのである．

　ネットワークとセンシングシステムの結合は今に始まったわけではない．ネットワークが低コストで自在に利用できるようになり，システムが通信機能をもつことは普通となった．測定器が実験室から工場の生産ラインへその場所を移し，マイクロセンサとして大量生産され，製品に組み込まれて家庭や街中，病院，自

動車，道路，建築物へと，質的にも空間的な大きな展開を見せた．10年前には想像もできないような途方もない性能をもつ情報処理手段が安価に大量に利用できるようになり，ありとあらゆるシステムに組み込まれるようになった．

このような背景の中で，ネットワークセンシングを実世界・物理世界のユビキタスな情報化という視点で統一的に捉えることが本質的に重要である［1.1, 1.2, 1.3, 1.4, 1.5, 1.6］．

本章では，狭い意味での無線ネットワークにとらわれず，ネットワークとセンシングの結合の目的，この展開を見通す新たな視点，獲得される新機能，使用される技術要素，出現しつつある新しい応用展開，今後の技術課題を概観し，本分野の重要性を明らかにし，読者の今後の研究参入と展開への導入としたい．

1.2　ネットワークセンシングの背景と目的

1.2.1　限定環境のセンサから全環境のセンサへ

これまでのセンサは主に工場の機械に組み込まれていて，制御や省力化，品質管理を行うためのセンサ，あるいは機器や製品に組み込まれて自動化や使いやすさ，安全性の向上を可能にするためのセンサであった．いずれも戦後の日本の工業製品の競争力の強化に大きな貢献をしたキーテクノロジであるが，そのために設計された限定のある環境の中でしか機能しえなかった．

これからのセンサは，人が持ち歩くあるいは身に付けるセンサ，動き回る機器と一体化されるセンサ，どこにでも数多く分散配置されるセンサ，必要に応じて自分で動き回るセンサの時代である．あらゆる環境で機能を発揮し，これからの産業と社会を豊かにし，安全性と快適性を高めるためのキーテクノロジーになろうとしている．

1.2.2　単点独立型の計測から多次元融合型の計測へ

例えば工業計測の需要は，従来の操業条件の安定化から品質の定量化や高度化

へ，顧客の性能要求の迅速な実現へと変化している．一方，現代のシステムのもつ高度な機能は，単一のパラメータでは計れない．品質の中には感性が関係するものも多い．現象自体が複雑で，物理量の羅列だけでは表現されないものも多々ある．これまでの品質管理は製造ラインの中あるいは工場の中だけであった．これからは製品の使用中にも品質を管理し，劣化の検出を行うことが求められる．

これらの情報は，使用者にも製造者にもフィードバックされて活用される．また，再資源化や信頼度の高いリユースやリサイクルのためには，継続的に把握した使用データや履歴データが必要である．これらは従来の単点独立型の計測技術では解決できない．多くのセンサ情報の流通と蓄積，高い情報処理能力との連携を必要とする．

1.2.3　実世界情報化進展の二つの形態とその統合

情報化の進展には二つの対照的な形態があった［1.4, 1.5, 1.6］．一つは通信媒体の発展が先導する情報化であり，もう一つはID（人や物の識別符号）付与の広域化が先導する情報化である．

通信媒体からの情報化においては，まず多くの人や対象物をネットワークに物理的に接続することが目標とされた．通信が高コストであった時代の情報化は，大容量化と高付加価値化に特徴付けられる．高コストを支えるには，物の情報よりも人の満足感に向かわざるを得ないからである．しかし，通信環境の高密度化と低コスト化が急速に進展してきた今，物を含む情報環境の構築に期待が高まっている．

一方，ID付与による情報化は，人や物を情報処理の対象とするところから始まった．システムが大規模になり，流通が頻繁になって，多くのシステムの結合が不可欠になるに従い，世界規模での共通IDが求められるようになった．しかし，IDが計算機や通信だけで閉じていると，その効用には限界がある．そこで，物からIDを自動的に取り出せるように，バーコードやRFID（Radio Frequency Identification）が開発された．ID付与による情報化は通信媒体からの情報化と対照的である．ほとんどID情報のみでよい小容量通信への要求，安

価なIDの添付のみで始められる初期投資の少なさ，管理の届かない実世界を前提とした配置の自由，低維持費などである．

これら二つの情報化の形態は，統合し一体化しようとしている．前者では，人の周囲の環境や物の情報をも取り入れて高付加価値な通信を実現する，後者では，IDが付けられない非人工物をも情報処理の対象とする，等々である．これがネットワークセンシングの背景となっている．

1.2.4　実世界オブジェクト指向

オブジェクト指向とは，高度で複雑なソフトウェアを記述し実現する方法論の一つである．システムの機能をオブジェクトと呼ぶユニットに分解し，それらのユニットを動的に自律的に協調動作させることによってシステムの機能を実現する．すべてのオブジェクトにはIDが付けられ，属性の記述，関連の記述，操作の記述とをもっている．処理の対象と処理の実行機能とをカプセル化したものとも見られる［1.2, 1.3, 1.4］．

これに対して，実世界のオブジェクトとは何だろうか．実世界，特に工学が生み出す人工物の世界を構成するのは，生み出される工業製品，工場の装置やシステム，交通や流通での自動車や搬送機，センサや検査装置や研究開発機器，道路や橋や建物等，実に多岐にわたり，かつ社会の隅々に広がっている．ユーザや生産者もひとつのオブジェクトと捉えることができる．その多くは動き回るオブジェクトであり，積極的に情報発信をすることのない無言のオブジェクトである．しかし，これら物理世界のオブジェクトを設計・製造し管理する手段や記述は情報世界にある．これらと物理世界のオブジェクトとの関連は，実世界にこれらの製品が送り出されたとたんに切れてしまうのが現状である．人による認識や人手を介した処理・操作を伴わない限り，物理世界のオブジェクトは孤立した存在として黙々と初期に与えられた機能を遂行していくだけである．

1960年代に生まれて広範に普及したバーコードや，近年進歩が著しいRFIDタグなどの自動認識タグは，この状況を変えようとしている．自動認識タグの役割は，物理世界にある「物」を，情報世界にある計算機やネットワークに膨大に

生成され蓄えられつつある知識に結合することである．物理世界にあるオブジェクトを孤立から解き放し，再び継続して情報世界に結びつけるものが自動認識タグである．

1.2.5 ユビキタスコンピューティング

実世界オブジェクトを対象とするコンピューティングを，1990年代初頭にMark Weiserは，「ユビキタスコンピューティング」[1.7] という考え方でまとめた．Weiserは以下のように述べている．

「最も本質的な技術は，表には現れない．日常生活の中に織り込まれ，一体化し，私たちがその存在に気づくこともない」．

Weiserはユビキタスコンピューティングの本質を「カームコンピューティング（calm computing）」という言葉で表し，その実現のためには，ユーザによる明示的なデータ入出力を要求するこれまでのパーソナルコンピュータのパラダイムと一線を画した，新たなシステムの形態が必要であることを示した．具体的には，日常生活環境に存在するあらゆる人工物（artifact）に超小型の自律的入出力機構とプロセッサを埋め込み，それらがお互いに協調的な動作を行うことで，ユーザには「コンピュータを操作している」という印象を与えることなく，コンピュータのもつ機能を十分に享受できるようにすることである．また，坂村健はTRON [1.8] として，あらゆるものの中にコンピュータが入り，ネットワークで結ばれるという考え方のコンピューティングを進めてきた．ユビキタスコンピューティングは，別の形ではProactive Computing [1.9]，Invisible Computing [1.10]，Sentient Computing [1.11] 等といった形で語られることもある．

こうしたユビキタスコンピューティングの考え方も，マイクロプロセッサの発達により可能となったと言える．家電品を見渡してみても，マイクロプロセッサが搭載されていないものを見つける方が難しい．ユビキタスコンピューティングは実世界とのインタラクションを特徴とするので，実世界から情報を取得する「センシング」が不可欠となる．位置取得はその典型例である．ケンブリッジ大学のAndy Hopper教授のグループは，Active Badge [1.12]，Active Bat [1.13]

図 1.1 Smart Space Laboratory

図 1.2 STONEルーム

等の屋内測位システムを開発し，位置に依存したコンピューティングを実現している．ユビキタスコンピューティングの実証実験として，リビングルームの知的環境化を試みるマイクロソフト研究所の EasyLiving [1.14]，家全体を生活者の行動を支援する場とするジョージア工科大学の Aware Home [1.15]，慶應義塾大学徳田研究室の Smart Space Laboratory [1.16, 1.17]，東京大学青山・森川研究室の STONE ルーム [1.18] 等が報告されている．

1.2.6　ウェアラブルコンピューティング

　近年は「ユビキタスコンピューティング」と総称されることも多くなったが，別の角度から人に密着したセンシングに力点を置くその意味を重要視する．

　ユビキタスコンピューティングの枠組みは，歩き回る人を情報ネットワークに結合し，情報武装させる．そのために，常に人に機器をもたせようというのがウェアラブルコンピュータの発想である．単なる携帯型コンピュータとの違いは，自由に動き回れる環境の中での人間の知的活動や高度な作業の支援を目指す点にある．

　無線でネットワークに接続できる最初のウェアラブルコンピュータは，1990年にコロンビア大学によって開発された．現在，ウエアラブルコンピュータの主要な開発方向は以下の三つである．

あらゆる物理世界のオブジェクトが情報世界から把握されていれば，それを利用してウェアラブルコンピュータは周囲の物と環境の構成を認識し，ネットワークを介して関連する情報を取得したり，所持者の得た情報を加えてより高度な情報に加工したり，加工した情報をネットワークに発信することができる．ウェアラブルコンピュータは，ネットワークセンシングの高度化によって初めて本来の役割を発揮することができる．

1.3　情報化におけるセンシングの役割

1.3.1　キーワードは"consistency"

"consistency"は哲学的で抽象的な意味をもった言葉であり，一貫性や整合性，無矛盾性と訳される．論理や主張が多数並存していても，それらが矛盾をもたない体系をなしていることを指す．しかしここでのconsistencyは，その対象を抽象世界から現実世界へと拡大して，より広範な情報や事物があまねく矛盾がないことと捉える．特に情報と事物とを横断したconsistencyが重要な意味をもつ [1.4, 1.5, 1.6]．

従来は，consistencyを保つために画一化を必要とした．情報の流通が困難，情報への対応力が貧弱で，状況の相違や個体差に対応できなかった．画一的な設計，少量品種の大量生産，焼却や埋め立てによる廃棄物処理，マスプロ教育，マスメディア，一律放送など，すべてにこのような傾向を見ることができる．これに対して潤沢で高信頼性ネットワークの活用は，多様性を保ちつつ，広範で広域なシステム全体のconsistencyを可能にする．情報の潤沢な流通と情報処理能力の向上は，状況の相違や個体差への対応力を格段に強化する．個別のニーズに応える柔軟な設計，多品種少量生産，不要品のリユース・リサイクル活用，少人数対応の教育システム，多チャンネル双方向メディアなど，すべてにこのような観点での展開を見い出すことができる．

1.2 ネットワークセンシングの背景と目的

① 状況に応じた情報サービスの提供
② 人と人のコミュニケーションの支援
③ ユーザの記憶の補助

　いずれも，コンピュータが環境情報をいかに的確に把握するかがポイントとっている．ここに，情報タグの発想との大きな接点がある．

　①の「状況に応じた情報サービスの提供」を実現した研究には，ソニーCSLのNaviCam［1.19］がある．ビデオカメラと液晶ディスプレイを組み合わせた携帯機器を利用したシステムで，ビデオカメラが撮像した映像と，映像の中の対象物に関する情報を合成して表示する．このほかにもジョージア工科大学のCyberguide［1.20］，コロンビア大学のTouring Machine［1.21］，ATRのC-MAP（Context-aware Mobile Assistant Project）［1.22］などがある．

　②の研究例として，同じくソニーCSLのAugument-able Realityは，場所や「モノ」を介して間接的にメッセージを伝えるシステムである［1.23］．このシステムでは，ウェアラブルコンピュータが赤外線センサや二次元バーコードなどを利用して，所持者の視界にあるモノを認識している．ユーザは画像や音声でモノに関係するメッセージを入力し，同時にそれを画面上でドラッグするなどして，メッセージとモノの間を関連付ける．関連付けされたメッセージは無線で共有データベースに送られ，他のユーザからもアクセス可能となる．

　マサチューセッツ工科大学（MIT）のWearable Remembrance Agent［1.24］は，③の研究例である．システムの基本的な構造は，所持者の過去の行動履歴をデータベース化しておき，現在の行動に関連する出来事を検索して表示することである．ユーザが簡易なキーボードなどを使ってメモを書くと，入力した単語に関連する内容の文書タイトルなどをHMD（Head Mount Display）に表示する．航空機や自動車の整備，医療などでは，膨大な資料を手を使わないで閲覧したいという要求がある．例えば航空機の整備では，詳細なマニュアルを変更情報等を見落とさずに作業を進めなければならない．所持者による音声認識機能や，コンピュータ自身による状況認識機能を備えるウェアラブルコンピュータであれば，こうした要求に応えられる．

1.3.2　トレーサビリティ

　トレーサビリティの概念は，物の流通の過程を捕捉可能とする意味で最近頻繁に用いられるようになったが，元はと言えば計測標準の分野で使われたのが最初である．計測標準におけるトレーサビリティの考え方は，consistencyの意味と維持の体系のあり方を考える上で，非常に重要な示唆を与える．

　量に数値を与える規準が「単位」である．単位は国際単位系（SI）によって定められている．時間と空間によらず同一の単位が具現できるように，物理現象としての普遍性・精度・客観性・再現性が最大限に活用される．このような国際単位のもとで「物」の大きさと数値とがconsistencyを保つことが，広い意味でのトレーサビリティである．トレーサビリティの語源は，身近に使用する測定器が，必要に応じていつでも，信頼できる校正の連鎖によって基本単位の定義や原器に到達し，その精度を確認できるということである．トレーサビリティを保つために国家は法律（計量法）を整備し，標準を供給する機関と供給体系を実現し，事業者はこれによる検定を受け，実施し，数値の精度を客観的に明らかにして保障することが求められる．トレーサビリティは，単なる努力目標にはとどまらない．計量法は，違反した事業者に対する刑事罰を伴っている．また計量法では，トレーサビリティに権限と責任をもってあたる技術者を資格認定している．国際単位系と計量法が目指すものは，量の単位におけるconsistencyの維持そのものであることがわかるであろう．

　これに比較してみると，物の流通で近年用いられるようになったトレーサビリティは，いまだ貧弱な概念のように見える．タグの技術とネットワークの技術は，物の流通をトレースすることを可能にしつつある．しかしトレーサビリティの究極の目標は，物の流通における情報と物の一体化したconsistencyの維持にある．量の単位におけるconsistencyが計測技術の始まりであったように，広く実世界におけるあらゆる活動の客観性とconsistencyの実現が，これからの計測の課題でなければならない．流通におけるconsistencyの向上と維持は，社会的な公正と正義の実現にも密接に関係する．

1.4　ネットワークセンシングの要素技術

　ネットワークセンシングとは，前述のように，多くの自律的センサの連携によって可能になる実世界の情報化そのものとも言える．ありとあらゆる工業製品，装置や設備，道路，建物，橋梁やトンネル，各家庭の光熱水道，福祉機器等々に埋め込まれ，それらが機能するすべての時間と空間にわたり，それら自身およびそれらの周囲の情報をセンシングし続ける．潤沢に絶え間なく得られる情報が，必要な時刻，必要な場所に伝達され，蓄えられた知識ベースと結び付き，高度に処理され活用される体制の実現が巨大な情報的資源を創出し，大きな価値を生み出していく．

1.4.1　無線センサネットワーク

　ARPAネットワークとして始まったインターネットは，少しずつ接続エリアを広げ，アメリカに留まらず全世界へ拡大した．インターネットは，スタートした時点では電子メール，ファイル転送といった簡単なテキストをベースとしたものに過ぎなかったが，デジタル音声，画像の標準化の進展とWWW（World Wide Web）の登場でマルチメディアデータの交換が可能となり，いまやインターネッ

（出典：http://www-bsac.eecs.berkeley.edu/archive/users/warneke-brett/SmartDust/index.html）

図 1.3　双方向MOTEの試作チップ[1-1]

[1-1] 通信用CCR（Corner Cube Retro-Reflector），制御用ASI，Mn-Ti-Liボタン電池で構成される．フォトダイオードで受信した光信号のパターンに同期させてCCRを動かし，外部に信号を送信する．

トは社会インフラとして生活に欠かせないものとなってきた．

インターネットの発展は，我々の意識を変えてきた．地球規模で全コンピュータがネットワークで結ばれることが理屈上可能となったわけで，「つながる」ことが当然のこととして捉えられるようになってきた．たとえばインターネット登場前は，クリックするだけでアメリカの小売店に直接商品を発注するといったことは考えられなかった．

「つながる」ことが当たり前になってくると，次の流れとして「モノ」同士をネットワークでつなげるという考え方に至る．こうした「つながり合う」ノードがセンサとなっても不思議ではない．CO_2センサにより広範囲のデータが測定できるし，日常品のセンサが我々の生活を支援するためのネットワークを構成することも考えられる．

個別の技術を見ると，二つのネットワーク技術が直接センサネットワークに影響を与えている．一つ目はマルチキャスト［1.25］である．インターネットの世界では，1対1のユニキャスト通信とは別に，1対多，多対多のマルチキャスト通信について長い期間に渡って研究が続けられてきた．マルチキャストは，一つの送信ノードから複数の受信ノードに対して同一のデータを一度に送るものである．実際には，送信経路途中の分岐点となるルータが，受信したデータパケットを複製して配送する．マルチキャストは，もともと動画像ストリーム配信を念頭に応用が考えられてきたが，様々なコンテンツ配信，ファイル転送などその応用範囲に広がりが出てきて，スケーラビリティも含めて今なお精力的に研究が続けられている．現在では，マルチキャスト配送経路を管理するマルチキャストルーティングプロトコルの研究が精力的に続けられている．このマルチキャストを用いれば，一か所で取得したセンシングデータを複数のデータ保管場所に送ることができる．マルチキャストの一例として，センシングしたデータをネットワークの隅々まで配送するdissemination［1.26］が考案されている．

二つ目は，無線モバイルアドホックネットワーク（MANET: Mobile Ad Hoc Networks．「アドホックネットワーク」と呼ばれることも多い）である．無線モバイルアドホックネットワークは通信インフラストラクチャを必要とせず，移動

する通信端末相互間で動的にネットワークを構築し，マルチホップ転送を行うことを特徴とするネットワークである．災害地など，通信インフラが利用できない状況においても通信を続ける仕組みが考案されている．

こうしたマルチキャストとマルチホップ転送の技術が下地となって，センシングにより取得したデータをマルチホップ無線センサネットワークに結びつけることが考案された．

また，近年の無線通信技術の進歩は，センサネットワークの下地として考えることができる．無線通信デバイスの小型化，軽量化，省電力，高性能化が進み，特に小型化の進展は著しく，様々な「物」が無線通信機能を備えるようになり，小型無線通信がユビキタスコンピューティングを支えるものとして期待されるようになった．センサネットワークに必ずしも無線通信が必要であるわけではないが，無線インタフェースを簡単に実装できるようになったことも研究開発を促している．

1.4.2 RFIDタグ

RFIDは，記憶機能と演算機能を有する最小の無線ノードである．物に付着してデータを運ぶ担体という意味で，データキャリアとも呼ばれる．データの書き換え機能がシステムに格段の融通性を可能にすることは事実だが，RDIDの本質はやはりユニークIDにある．この意味で，日本発の新技術である「ミューチップ」[1.27]に注目が集まっていることは喜ばしい(図1.5)．

ミューチップは，チップごとに付与されたユニークIDの読み出し機能に特化したRFIDである．データキャリアとしての付帯機能は潤沢な通信環境により容易に代替できることを見通し，本質的機能のみを超小型と低コストで実現している．

1.4 ネットワークセンシングの要素技術

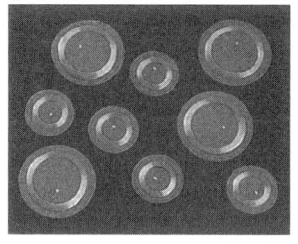
(a) ICカード用 E-UNIT ラミネート加工TAG

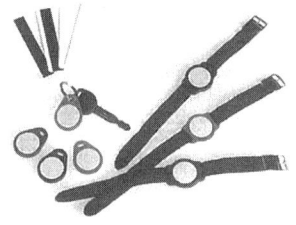
(b) 個人ID管理用TAG バンドタイプTAG

(c) クリーニング用 小型金属面用 LOGI TAG

(d) 樹木管理 木工製品管理用くぎ NAIL TAG

(出典：http://www.hanex-grp.co.jp/sougo/johou/sidtag.html)

図 1.4　各種各様のRFIDタグ[1-2]

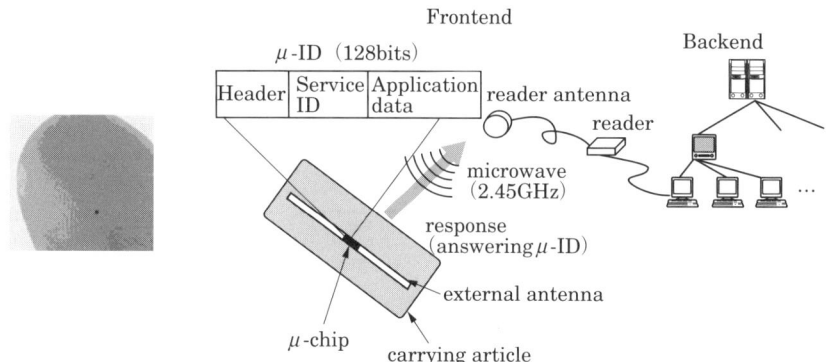

(ミューチップ画像の出典：http://www.hitachi-pavilion.com/jp/gaiyou/muchip.html)

図 1.5　ミューチップとそのシステムの概要[1-3]

[1-2] シールに付けられたり，衣類に縫いこまれたり，作業者が身に付けたり，木材に打ち込まれたり，本に貼り付けられたりと，応用の広がりに応じて種々の形態や性能のものが開発されている．

[1-3] チップごとに唯一無二のIDの読み出し機能に特化した超小型のRFID．紙幣に漉き込んだり，衣類に埋め込むことも可能になる．

1.4.3 センサフュージョン

多数のセンサが潤沢なネットワークのもとで，同時並列的に動作するようになる．それらの情報は容易に必要な箇所に集められ，統合・高度化され，必要な情報に加工される．このときに必要となる情報処理・信号処理の技術体系をセンサフュージョンという．

(1) 生体の感覚情報処理とセンサフュージョン

生体の感覚情報処理は，階層的並列分散構造でなされていると言われている．センサ情報やアクチュエータへの情報は，それぞれの層に応じた情報表現で処理され，同時に全体の統合過程に寄与する．認識と行動は一体的に処理されるとともに，異種感覚情報間や感覚情報と運動情報の間でも何らかの連携が存在する．このような構造は，センサネットワークにおける異種センサノードからなる階層的並列分散構造を強く示唆する．それぞれのセンサノードは，センサや処理の目的，階層レベルの違いに応じて，多様な処理形態をとることができる．上位の層では異質なセンサ情報間での統融合的処理，下位の層では均質なセンサ情報に対して並列演算処理が有効である．

(2) 開口合成と波源推定

同種センサの情報を統合して必要な情報に加工する，古典的で最も確立した技術は開口合成であろう．開口合成とは，種々の波動場に対するレンズの機能を，多数のセンサと電子的手段によって実現することである．これには，図1.6に示すような規則的なアレイと，着目点で生じた波動が同時刻で重ね合わさるように調整された遅延機構が用いられる．この機能は，アレイが規則的でなくとも，比較的単純な利得の調整を追加するだけで，不規則に配列したセンサ群からのセンサ情報に対しても成立する．すなわち，分散配置された多くのセンサが受信波形に受信時刻のタイムスタンプを付して，中央の開口合成処理システムに送付する．開口合成処理システムはこれらを適切に遅延加算して，波源の空間分布を2次元的に再構成する．

これと同種な問題には，電磁波到来方向推定，地震の震源推定，騒音や振動源の推定などがある．

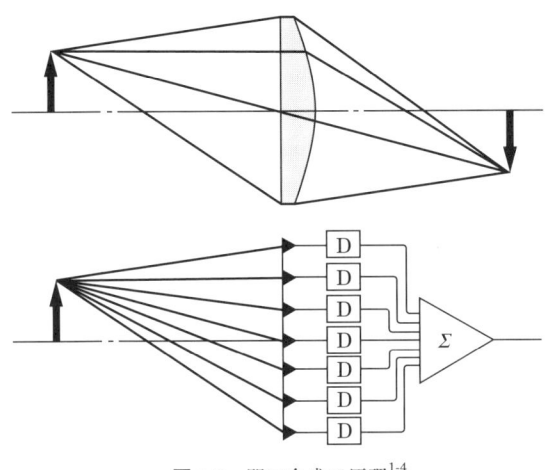

図1.6 開口合成の原理[1-4]

(3) 音源定位と聴覚情景解析

　人間の聴覚の特徴は,「カクテルパーティ効果」という言葉に端的に表れている．立食式パーティのように,大きな部屋に多数の人々が移動しながら立ち話をするような状況を想定する．主人公は多くの人たちととりとめない話をしながらも,上司がどのような人とどんな話をしているかを気にかけている．この場面の音環境は一般に,

① 吸収性だが反射は無視できない天井や壁
② 再帰反射や独特の周波数特性をもつ角張った室内形状
③ 外界との音の出入りや戸外の騒音を通す窓
④ バンド演奏や館内放送のような室内の大きな環境音

などからなっている．並べ上げると大変に複雑であるが,実世界ではこれが当たり前の音環境とも言える．カクテルパーティ効果とは,要するにこの場面の主人公のように,人間は非常にたやすくこのような音環境を把握し,しかも目的とする音を選択的に聴取できることにほかならない．

[1-4] すべての経路の波動が同一時刻で重なりあうように,レンズによる撮像プロセスを多数の波動センサ,遅延素子,加算器によって電子的に実現する．

カクテルパーティ効果は，センサレベルでは複数音源の同時定位の問題にほかならない．このような分散型のセンシングは，ネットワークセンシングが最も良く機能する部分である．このような複雑な音環境の認識が自在にできるようになれば，その応用は大変幅広い．なぜなら，上で述べた環境は，バンド演奏や館内放送を広告の音楽や雑踏や自動車騒音に置き換えれば街中の音環境に，カーステレオやエンジン音に置き換えれば自動車内の音環境に，サイレンや警報音や燃え盛る燃焼音に置き換えれば火災現場の音環境に，そのまま置き換わることは明らかだからである．カクテルパーティ効果の実現を目指した研究は，聴覚情景解析とも呼ばれる．

(4) 分散視覚システム

上記のような複雑な音環境の理解に関する研究は，元はコンピュータビジョンにおける情景解析の研究として始まったものである．ネットワークセンシングの時代になってこれらの研究は，多数のカメラのネットワークと画像処理技術を組

図 1.7 分散視覚システムによる車や人の動きの追跡[1-5]

[1-5] 移動する対象の継続的把握のため，多数のカメラと画像認識システムを連携させる．しかし現状での画像による認識能力は十分ではないため，多種多様で時々刻々変化する環境の中で高い信頼度を得るのは容易ではない．

み合わせて，視覚的に環境を把握する分散視覚システムへと発展した．図1.7はこのような研究の例で，多数のカメラを連携させ，それらに写る人や車の同一性を認識しつつ追跡を行っている．

(5) 分布型感覚システム

人間において，分散配置された受容器によって感覚を生成する代表は触覚であり，著者らもこれを工学的に実現するために数多くの研究を行っている［1.28, 1.29, 1.30, 1.31］．触覚の受容器は意外にまばらにしか存在しない．指先でも高々1平方センチメートルに千個程度の密度しかない．しかし数ミクロンの段差や質感の違いも容易に識別することができる．これは，触覚受容器の高度なセンシング機構［1.28, 1.29］と，それらからの信号を統合する機構に秘密があると考えられている［1.30］．図1.8は，マイクロ触覚センサを柔軟な粘弾性体の中に混ぜ込んでロボットの表面に薄く塗布し，分布型の触覚を有する人工皮膚を形

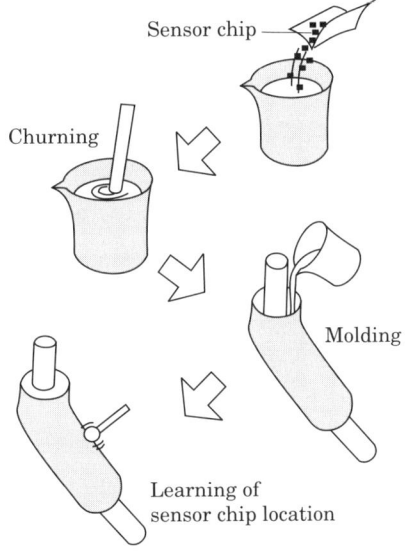

図1.8　テレメトリックスキン[1-6]

[1-6] あらかじめマイクロセンサを混ぜ込んだ柔軟な弾性体を皮膚状に整形し，電磁結合や無線を介して柔軟性を損なう金属配線なしに分布型の触覚情報を得る．

成する例を示している［1.31］．配線の複雑化を排し，多くのセンサを無線で結ぶシステムの開発が進んでいる［1.35］

　人間にとって嗅覚は分散配置されたセンサではないが，鼻を近づけたり，風を起こして匂いを呼び込んだり，風の方向を判断して匂いの発生源を歩いて探したりという行動を伴うことで，分散感覚システムと同様な広がりをもつセンシング機能を実現している．工学的にも，ガスの漏洩推定や匂いの発生源の推定には，分散配置されたセンサと移動可能なセンサをネットワークで連携させることが大変重要である．

1.4.4　知能化センサ

　センサ単体での高度化は，従来より知能化センサとして広範に進められてきている．知能化センサとは，センサと電子回路やプロセッサが一体化された構造をもつセンサの総称である．スマートセンサ，コンピューテショナルセンサ，ファジーセンサなどとも呼ばれる．通常のセンサが場の物理量（温度，圧力，ひずみ，磁界，成分，濃度，…）を電気信号に変換する役割をもつのに対し，知能化センサはこれら複数のセンサ情報を電子回路やプロセッサで処理し，学習によって獲得した知識を活用することによって電気信号に変換する役割をもつ．初期の代表的なものとしては，線形化，自己較正，補償などの機能をファームウェアに組み込んだプロセス用センサがあり，要素技術の高度化と小型化に伴って，生体埋め込み型の医療用テレメトリ装置やペースメーカ，複雑なシステムの内部状態を知るための自動車エンジンノックセンサやプロセスモニタ，高度な情報処理能力との一体化が不可欠なCTやMRI，PET，運動機構と一体化したアクティブセンサ，複数の音源を分離して定位できる聴覚センサ，接触の位置と強度にとどまらず対象表面の質感まで抽出できる触覚センサ，人間の嗜好に適合した定量的情報を取り出す嗅覚センサや味覚センサなど，そのシーズにおいてもニーズにおいても大きな広がりを見せている．

　知能化センサとセンサ情報を計算処理するシステムとの相違は，センサと電子回路とプロセッサの一体的構造の必然性の有無にある．このような一体的構造に

は，差動構造やその一般化，フィードバックや零位法やアクティブセンシング，自励振動やPLLや多モード共鳴型センシング，パターン認識やニューラルネット，ファジー論理や遺伝アルゴリズム，適応フィルタやカルマンフィルタ，間接計測と逆問題や超解像などがある．ネットワークセンシングにおける現在の課題は，潤沢なネットワークを介したより広範なセンサ情報と知識ベースの活用にある．

1.4.5　校正と同期

　連携した計測が成功するためには，センサ同士，センサと測定対象，測定対象と測定対象との間で測定値に矛盾がないこと，すなわちセンサごとの測定標準の一致が本質的に重要である．測定標準には，時刻基準とセンサ自身の位置も含まれることに注意する．これらは，いわばセンサネットワークが満たすべきconsistencyと言える．この二つの校正を正確に行うことが難しくかつ重要であることが，人の介在を前提とした従来の固定された測定器と，移動可能で自律的なセンサネットワークにおけるセンサとの大きな違いでもある．

(1) 時間の校正

　時間の校正には2種類ある．一つは時間スケールの校正で，その逆数の周波数の校正と等価である．これには非常に正確な物理標準が比較的容易に得られるほか，通信によっても可能である．すなわち，送信側の通信の周波数を受信側の周波数基準で測定することにより，互いの周波数の違いを知ることができる．もう一つは時刻基準の校正で，同期とも呼ばれる(3.1.1参照)．時刻は一種の約束であり，物理標準は存在しない．しかし測定データへの正確なタイムスタンプがあれば，センサ間でのデータ統合と原因の解析が容易になることは明らかである．求められるのは，通信による同期がジッタにより不可能であって，開口合成などの波動センシングで必要となるマイクロ秒からピコ秒の領域の同期である．

(2) 測定標準の校正

　センサの本来の任務である測定は，測定対象を自身の内部にもつ基準値と比較する操作であり，基準値の誤差は，測定対象や物理場に関して我々が得る知識のconsistencyをそのまま低下させる．このため従来より，測定器の指示を真値に

近づけるように基準値を修正する校正の操作は，日常的に行われなければならなかった．センサネットワークで求められるのは，このような日常的な校正の操作を，ランダムで無数に分散配置された自律的センサに人手を介さずに実施することである．

1.4.6　位置検出

　空間に配置された多数のセンサの情報を集めて統合的に処理する場合，対象物あるいはセンサの正確な位置情報は必須である．ここで要求される位置情報は，広範囲な位置から狭い範囲の位置まで，目的に応じて多様である．GPS（Global Positioning System）では，単独測位で10m程度，電波の位相情報も利用する干渉測位で精度数mmまで，電離層や対流圏での屈折の影響を減らせる準天頂衛星で数10cmを目指して開発が進められている．室内用では，人の活動の補助のために超音波伝搬時間方式が開発され，精度数cmが実現されている．

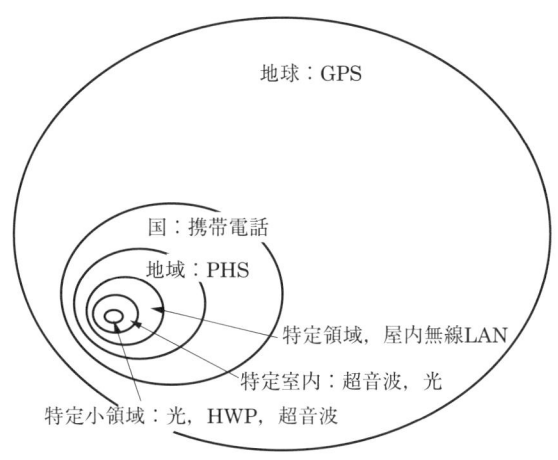

図1.9　位置検出システムの守備範囲[1-7]

[1-7] 地球規模の位置決めから，室内程度の位置決め，装置や人体内，材料内部の原子レベルの位置決めまで，広範囲で多様なニーズがある．

1.4.7　低消費電力と電力供給

センサを長期間独立して配置するには，その間の電源が確保されなければならない．電源が確保できないために設置場所が限定されたり，バッテリーの交換や充電に奔走されて快適性が失われては何にもならない．使用されるLSIやセンサの低消費電力化は必須であり，センサの設置環境の特性を活かしたバッテリーレスシステムの考え方も重要である．図1.10は，あるサッシメーカーから発表された防犯システムを示す［1.35］．窓の鍵に発電機構を取り付け，鍵やドアを開ける動きで発電し，無線で信号を送る．

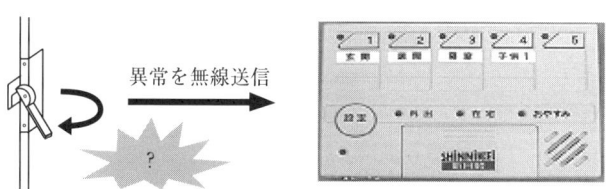

（出典：http://www.shinnikkei.co.jp/company/news/2003/029.html）
図1.10　発電機能を内蔵するセンサの例[1-8]

1.4.8　バイオメトリクス個人認証

ネットワーク上での情報流通と価値の流通を安全に行うには，お互いを確実に同定する技術が必要である．この中で，機械が個人を確実に認識するために適用される技術がバイオメトリクス，すなわち指紋，顔，サイン，DNAなどのような人間一人一人に固有な情報を本人の認証手段として利用する技術である．バイオメトリクスのための情報は個人のIDに関連付けて，ネットワーク上やICカードなどに格納される．当人がそのIDでアクセスする度に，その端末では対応するバイオメトリクス情報が呼び出され，アクセスした利用者がそのIDの本来の所有者であるかが認証される．センサネットワークにおいても，提示されるIDが正等か否かを判定する仕組みは将来必ず必要になるであろう．また，認証装置も孤立して動作するのではなく，ネットワークを前提として，図1.11に示すよ

[1-8] サッシのノブを開ける動作により発電し，窓の開閉状況を無線で通知する．

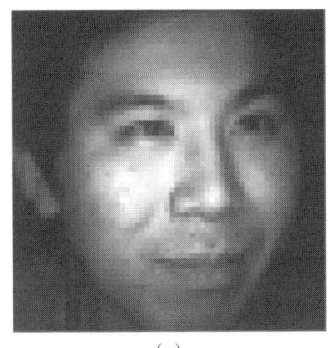 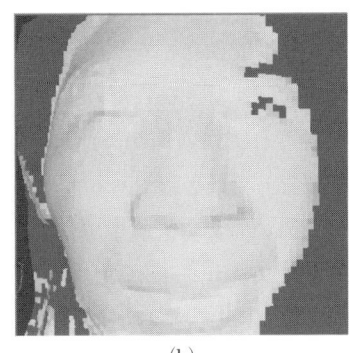

(a)　　　　　　　　　　　　(b)

図 1.11　三次元顔認証[1-9]

うな三次元形状等を含む常に最新の認証情報を交換しつつ，動作可能なシステム作りが求められる［1.36, 1.37, 1.38, 1.39］．

1.4.9　画像検索

　情報がディジタル化されたからといって，情報として自由にアクセス可能となったとは言えない．その内容に基づいて情報に「タグ」が付されることで初めて「オブジェクト」として情報ネットワーク世界で認識され，価値と流動性とを獲得することができる．「タグ」を失ったディジタルデータは，もはやディスクのゴミでしかない．このようなディジタルデータにタグを付与する技術は，文書データにおいては索引付け（indexing）と検索（retrieval）の技術として知られる．文書がディジタル化されてもそれは字面のディジタル化でしかなく，その内容に関するディジタル化は索引付けと検索の技術と捉えられる．現在，よりアナログ性の高いデータとして，巨大な情報の蓄積が始まった画像データに対する索引付けと検索の技術に関心が高まっている．

　現在，研究が進んでいるモデルや具体的方法には，腫瘍の医用画像データベースから"morphological distance"を用いて指定したサイズや形状等が最も近い腫瘍を取り出すシステム，形状類似性に基づく FIBSSR（Feature‑Index‑Based

---

[1-9]（a）のように斜めから撮像された顔でも正しい三次元情報が得れら，正面顔への回転も可能になる．

Similar Shape Retrieval）やSQUARE（Shape's QUalitative Appearance based REtrieval）などの検索技術，色彩角（color angle）や色彩テクスチャ分布角（color-texture distribution angle）と呼ばれる照明や印刷条件に影響されない索引付け，形状要素の空間的配置の記述言語を用いる方法などの例がある．また国内では，全体の雰囲気や写っているものの形や色を手がかりに，関連画像検索のほか，指定パーツに類似したパーツを有する画像を抽出する画像パーツ検索，縦線指定でビル風景を抽出するなどの形状指定検索のシステム［1.40］などの研究がある．

　検索はネットワーク世界の言葉によってなされるので，画像中のオブジェクトと関係をテキスト化することが索引付けの問題である．この問題の難しさは，テキストと画像の質的な相違，すなわち前者の1次元性や離散性と後者の2次元性や連続性，文法的構造の有無，人工物と自然物の相違などにある［1.41］．既に蓄積された画像への索引付けも需要としては切実ではあるが，さらに大事なのは，これから莫大に蓄積される画像データを将来のディスクのゴミにしない体系作りである．このためには，画像の取得段階において関連する情報を取りこぼさないこと，対象となる画像を蓄える際に，あらかじめ想定したモデル等に基づいて，その画像の記述を抽出し，普遍性を高めて添付することが重要である．要するに，画像を取得するイメージセンサが，情報タグのセンサを補助としてもつということである．人間が介在する場合には，人間によるタグ付けの補助となる自動化ツールが有効である［1.41］．このほかに，画像の検索問合せの段階ではテキストや数値で検索の条件が設定されるため，知識や経験等を適切に導入し，画像とテキストとの"semantic gap"を解消することが鍵となる．マッチングの段階では，適切な有効性の定義や距離尺度"visual similarity"の定義等が重要となる．

1.5　情報に着眼するセンシング原理

　センシングの対象は時代とともに大きく変わる．プロセス産業におけるセンシング，オートメーションにおけるセンシング，ナノ・バイオにおけるセンシング，

そしてこれからのユビキタスな情報化時代に最も求められているのは，MEMS（Micro Electro Mechanical System），知能ロボット，高度交通システムなど，認識と行動を一体化した自律能動システムのためのセンシング技術であろう．センシング技術者にとって，このような技術の流れをその原理に一歩踏み込んだレベルから把握し，千差万別といわれるセンシング技術を組織的に理解し，その上で現在と将来の研究開発に活かしていくことが大変重要である．では，原理に一歩踏み込んだ新しい視点とはどのようなものだろうか．やや抽象的にはなるが，なるべく例を交えて述べてみたい．

1.5.1 情報の流れに注目する

例えば立体表面のセンシングを考えよう．立体表面の図形やテクスチャは，明暗分布そのものを含む情報であるから波形情報と言える．しかし，立体表面の凹凸や光沢の情報は違う．図1.12のような両眼ステレオ系では，これらは両眼位置ずれΔと両眼強度差ξを生じさせ，図1.13に示す流れ図に従って両眼和画像f_+とその視差方向微分f_xをキャリアとして変調され，両眼差画像f_-の中に混合されて伝達される［1.42］（二つのキャリアが無相関な直交キャリアをなしている点に注意[1-10]）．この意味で凹凸や光沢は変調情報であると言え，またそれらは互いに独立な情報チャンネルによって伝達されている．

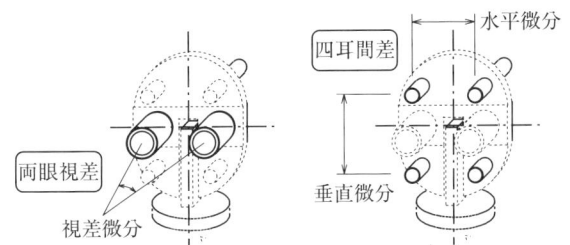

図 1.12 両眼と四つの耳をもつ人口頭部型センサシステム[1-11]

[1-10] 抵抗分とリアクタンス分を独立に測定する交流ブリッジのサイン波とコサイン波のような関係．

[1-11] 視覚聴覚の情報抽出に最適なセンシング構造と，自律的なセンシング動作を特色とする．

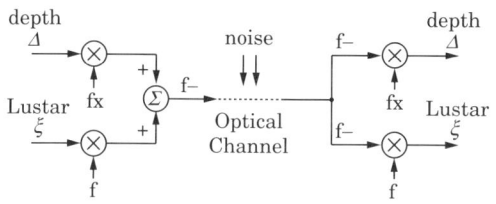

図1.13 両眼ステレオにおける情報伝達調変調構造[1-12]

このような情報の流れに着目することの有用性は，逆問題に基づいた間接計測手法やCT, MRI, SARなどの多くの画像化システムでは強く認識されていた．近年，開発が進んできたデルタシグマ変調型センサなども，情報の流れに着目した考察がなければ生まれなかったのは明らかであろう．

1.5.2　場とセンサを一体化する

情報の流れに着目する考え方は，物理的な場にセンサを一体化させる考え方につながる．図1.12にも示した四耳式音源定位センサ［1.43］で考えよう．音は空間を球面波として伝わる性質から，波形によって伝達される意味情報とは独立して，音源の位置情報が波面の法線方向と曲率によって伝達される．したがって，図1.14のように近接4点で音場の時空間勾配を観測し，波面の法線方向を検出すると音源の方位（向きの正負を除く）が，法線方向での波の振幅減衰率を検出すると音源までの距離がわかる．この測定は，瞬時瞬時でも可能であることに注意しよう．

音の伝搬は波動方程式によって表され，空間のどの場所でもその変数は波動方程式にしたがって変動する．そして時空間勾配を測定することは，このすべての変数値を空間の1点で求めたことに等しい．このようなミクロの場とセンサの一体化が，いわば計算機上での波動場の同時並行シミュレーションを可能にし，音源の定位を可能にしたと見なすことができる．一定の音速で直線的に伝搬するという音のマクロ的性質に立脚した従来の音源方位検出法との相違は明瞭であろう．

[1-12] 光沢情報ξと凹凸情報Δとが，それぞれ両眼和画像f_+とその視差方向微分f_xをキャリアとして変調され，両眼差画像f_-として観測される．キャリアf_+, f_xには統計的な意味での直交性がある．

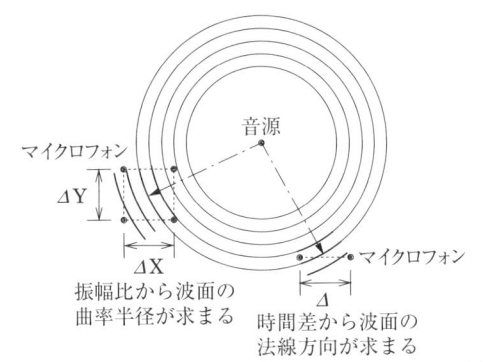

図1.14　時空間勾配法による三次元音源定位の原理[1-13]

1.5.3　重なり合った要因を分離し統合する

　パターン情報は多自由度であるがゆえに，何が本質的な情報かを見極めることが難しい．情報の取り出し方を誤った場合に混入してくる不要な情報による害は，センサ雑音の害の比ではないほどに大きい．聴覚を例にして考えよう．図1.15は，音の変化を三要素（音量，音程，音色）に分解して出力する聴覚センサ［1.44］の分離と統合の原理を示している．音は一旦，ウェーブレット変換により時間周波数領域に分解される．続いて，時間周波数領域での変化のパターンを，対数周波数方向へのコヒーレントなシフト（音程変化）と振幅方向へのコヒーレントな増大（音量変化）の和に分解する．これらで表現されない変化のパターンが音色の変化であると見なす．

　この分離統合の原理は，音の瞬時瞬時の変化に作用し，鋭い特徴抽出能力と時間分解能とを実現する（図1.15）．また，音の全情報を一様に利用することから，部分的な雑音の混入に対して影響されにくい頑健さもある［1.45, 1.46］．特定周波数の振幅やフォルマントなどのように，分解後の部分的な音の特徴に立脚した方法ではこのような性質は期待できない．認識系のセンシングに求められている

[1-13] 球面波として伝わる音波を近接4点で観測すると，波面の法線方向から音源の方位が，法線方向での波の振幅の減衰率から音源までの距離が分かる．複数音源でも，2音源までなら同様な測定が可能である．波動場の直交化計測としての解釈が可能である．

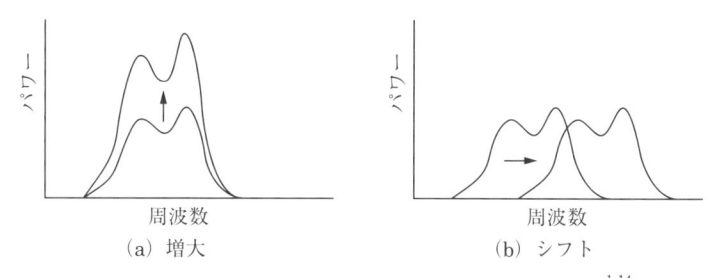

1.5 情報に着眼するセンシング原理

図 1.15 時間－対数周波数領域における楽音・音声の表現[1-14]

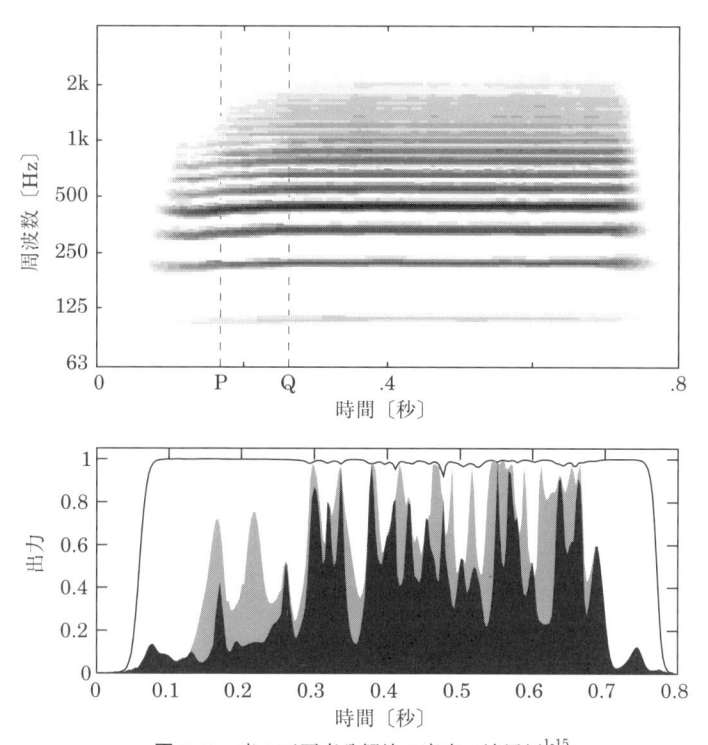

(a) 増大　　(b) シフト

図 1.16 音の三要素分解法の楽音の適用例[1-15]

[1-14] 音程の変化がコヒーレントな対数周波数方向のシフトに，音量の変化がコヒーレントな振幅方向の増大として現れ，これに基づくと音程・音量・音質への3成分分解が可能になる．

[1-15] ホルンの音の立ち上がりにおける音色の変化（高次倍音が低次倍音に遅れて立ち上がる）や音程の変化が三要素のエネルギー比として検出されている．

のは，統合することを前提とした分解の枠組みであり，情報の含まれ方に最も良く適合した測定空間の構成である．

1.6　研究事例の紹介

ユビキタスネットワーク，センシング技術，RFIDタグの普及を前提とした新しいシステム作りの方法論が提案されている．

1.6.1　RFIDタグに基づく知識共有視覚システム

このシステムは，CCDカメラと画像認識システム，オブジェクト（工業製品などの人工物を仮定する）に埋め込まれたRFIDタグ，CCDカメラと一体化して設置された比較的遠距離（例えばカメラの視野内の1〜2m）の読みとりが可能なRFタグリーダ，ネットワーク上のどこかに存在する物体の三次元モデル，認識結果を受けてハンドリングなどオブジェクトに働きかけを行うシステムからなり［1.47］，次のような一連の動作のもとに機能する［1.48, 1.49］．

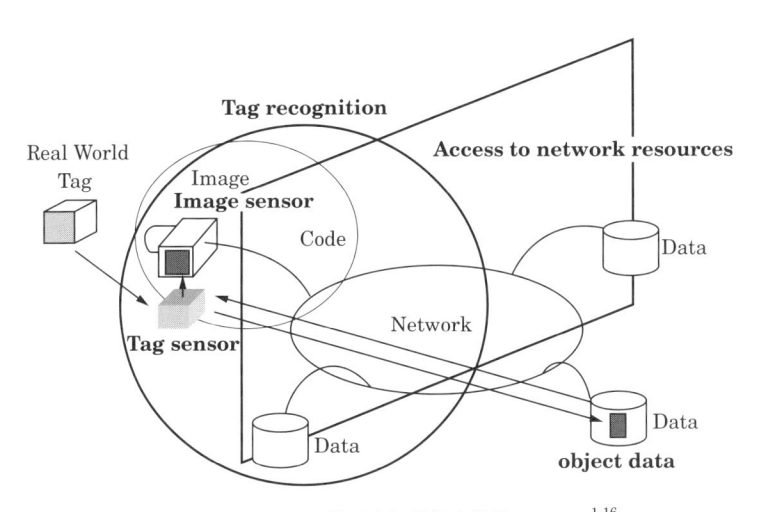

図 1.17　タグに基づく知識共有視覚システム[1-16]

(a) original polyhedron 　　(b) fauture extraction

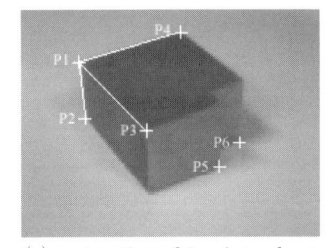

(c) extraction of 6-point subset 　　(b) object model registered

図 1.18　知識共有視覚システムによる画像認識例[1-17]

① CCDカメラがオブジェクトを視野に捉えると同時に，タグリーダはオブジェクトのID情報を読みとる．

② タグリーダは得られたID情報を検索キーとして，ネットワーク上にそのオブジェクトの三次元情報の提供を呼びかける．

③ ダウンロードされたオブジェクトの三次元モデルは画像認識装置に送られ，画像認識装置は三次元モデルに従った高効率で高信頼度の認識手順によりCCDカメラの画像におけるそのオブジェクトの位置と姿勢を推定し，本来の

[1-16] 対象物がタグリーダの感度の範囲内に入ると，対象物のID情報がまず自動的に読み取られる．このID情報を検索キーとして対象物の三次元モデルをネットワークからダウンロードし，これを利用してCCDカメラと認識システムは対象物を視覚的に発見し位置と姿勢を定める．得られた情報はシステムの機能の遂行と，対象物に関する共有知識ベースの更新のために用いられる．

[1-17] カメラの前にあるオブジェクトが何であるかが既にわかっている段階から始められることが，この視覚システムの最大の特色である．何かがわかっていても正確にどこにあるのか，どのような姿勢で置かれているのかはテレビカメラによってしかわからない．認識システムはダウンロードされた三次元情報からオブジェクトの三次元不変量を算出し，画像から得られる二次元不変量との一致から上記の位置と姿勢の情報を得る．

三次元モデルと現状のオブジェクトの形状との相違等の判定を行う．
④　この結果は，ハンドリング等のための情報としてシステムに伝達されるほか，ネットワーク上の知識データベースや三次元情報の供給者に戻され，そのオブジェクトのデータを最新の状態に更新するために用いられる．

　このシステムのキーポイントは，タグによって可能になる物理世界と情報世界の1対1対応と，タグに記載されたユニークなID情報を検索キーとした知識の共有と自由な移動にある．共有されるべき三次元情報は，そのオブジェクトを製造した企業や工場などが所有しており，正当なニーズに対して必要な三次元情報が公開されるならば，貴重で巨大な情報資源となるものである．ただしそのためには，情報流通への合意とセキュリティが必須であり，別に適切なシステムの実現が求められる．

1.6.2　情報宅配便

　センサには，家庭用のガスメータのように高々月に一度の出力で十分なもの，構造物保全のセンサのようにそれまでの最大負荷を必要に応じて読み出せればよいものなど，情報チャンネルの太さや実時間性は必要としないものも多い．センサのユビキタス化のキーポイントは，応用に適したコストで必要な情報チャンネルをいかに整備するかにある．

　その一つの方法論がこの「情報宅配便」である．これは，次のようなものである．

① あちこちに分散配置された低速小容量情報チャンネルしか必要としない無線機能搭載センサ．
② 自動応答可能な無線通信・情報蓄積機器を装着した宅配車両のような定期巡回車両を構成要素とする．該当車両は，業務とは別に常時センサへの呼びかけ信号を発信し，ちょうどセンサの近隣を通ったときにセンサからの要求を認識する．そのセンサが需要先に伝達すべきデータを情報蓄積機器上に預かり，またそのセンサに伝達すべき情報を預かっていればそれを伝達し，ネットワーク環境に車両が戻った後で，それぞれのデータの需要先にデータを転送する．

より身近な配達手段を利用した同様の方法論も考えられる．たとえば「情報搬送トレー」「情報巡視員」「情報サンダル・スリッパ」等々である．いずれも工場内や敷地内，家の中を頻繁に動き回る装置や人に意識しない形で搭載されて，動き回る先々のセンサのデータを収集したり，必要な情報やエネルギーを補給する．

1.6.3　近隣センサの重複測定による最適同期形成

校正と同期は，2個以上のセンサが同一対象を測定し，それぞれの結果の相違を認識し修正することによって初めて可能になる．しかし，これらの事象は多くの場合局所的に生じるため，すべてのセンサが同時に検出し同時に修正することは実際上不可能である．校正と同期を可能にするこのような事象には，例えば同一の信号を個々のセンサの内部時計によるタイムスタンプとともに記録する場合，個々のセンサがそれぞれの測定基準に基づいて同一の物理量を測定する場合，二つのセンサが偶然に遭遇し同一の場所と時刻を共有した場合などがある．では，このような局部的な修正からセンサネットワーク全体の一貫性ある校正と同期を安定して実現するにはどうすればよいであろうか．局部的な修正をどのように組み合わせれば，一貫性ある校正と同期が形成されるのであろうか．どのセンサ間でどのような情報を交換すればよいのであろうか．既に互いに整合が取られたセンサ群の一部に修正が加えられる場合，その修正はセンサ群全体にどのように伝搬させればよいであろうか．

これらの問いに対して，ベイズ推定に基づく最適同期手順がある［1.50］．こ

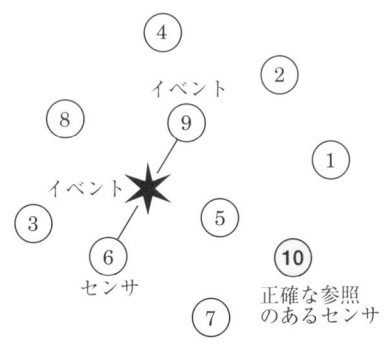

図 1.19　近隣センサの1対重複測定に基づく逐次的同期の問題設定の模式図

れにより，センサの周りでありふれて生じる事象(たとえば雑音電波の発生)が同期の手がかりとなり，近隣のセンサが自律的に同期グループを形成し，これらが併合されながら単一の時刻に最短で収束してゆくことが示されている．

(1) リアルタイム聴覚センシング

判断や動作に，部分的にでも知能と自主性が与えられたシステムが自律システムである．三次元環境中の自律システムでは，音響信号から音源の位置を把握して即時に対応する，呼びかけた人間の位置を知って視覚センサの視線を向ける，異常な音とそうでない音を聞き分けて障害を未然に防ぐ，音を音源の方位や音質によって切り分けて認識しやすくするなど，たいへん重要な意味をもつ．

表1.1は，このようなリアルタイム聴覚センシングの技術要素を一覧にしたものである．表から読み取れるように，今最も不足しているのは，突発的な音源を定位して対象に注意を向けていくセンシング能力，予期できない信号の分析技術，

表1.1 リアルタイム音響センシングの要素技術

対象音源	情報種別	技術要素 大分類	技術要素 小分類	用いられる要素技術の例
未知音源	変調情報	音源方位	静的音源定位	固有構造法，MUSIC算法，開口合成，フェイズドアレイアンテナ等
			動的音源定位	時空間勾配法
		音源距離	伝搬時間計測	エコーロケーション
			伝搬減衰計測	時空間勾配法
	波形情報	音の性質	周波数領域	短時間スペクトル，ウェーブレット分析
			時間波形領域	自己相関，ピッチ抽出，線形予測分析，エネルギー演算子，音響インテンシティ
		音の意味	不特定話者音声認識	ピッチ抽出，線形予測，音素分析，隠れマルコフモデル，DP整合，知識処理
			異常音検出	ウェーブレット分析，高次スペクトル，音の三要素分解，不快音のモデル
既知音源	孤立情報	音の性質	異常診断	短時間スペクトル，ウェーブレット分析，音源モデル
		音の意味	特定話者音声認識	短時間スペクトル，音素検出，隠れマルコフモデル，ニューラルネット
	連合情報	他情報との融合	特徴レベル	適応アルゴリズム，カルマンフィルタ
			認識レベル	隠れマルコフモデル，ニューラルネット

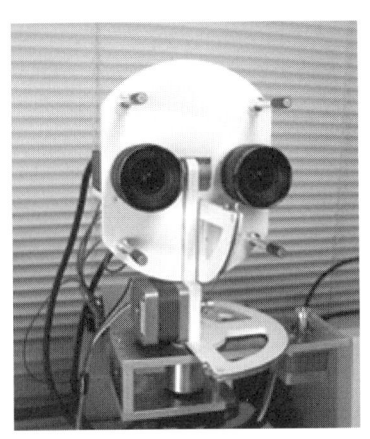

図 1.20　頭部型の視覚聴覚融合センサの最新モデル：SmartHead Boy[1-18]

聴覚と視覚のように性質が異なる情報の融合技術である．このことが，以下で述べる人間頭部型の視覚聴覚融合センサの目的となる．

(2) 視覚聴覚融合センサ "SmartHead"

　このセンサシステムでは，平常時には視覚センサも聴覚センサも一種の早期警戒システムとして動作し，視覚的には視野内の運動の発生や新たな対象物体の出現，聴覚的には定位可能な明確な音の到来などを常時センシングしている．もし何らかの事象が発見されると，頭部の運動機構と視野の高速移動機構が起動され，視覚センサの視野を事象の発生した方向に移動する．続いて視線の追跡と凝視のシステムが起動され，運動や明暗のパターンの際立ち具合に基づいて視野の中から最重要な部分を判断し，視野中心に捉え，対象が前後左右に移動してもそれを追跡する凝視動作を開始する．安定した追従凝視動作が確立すると，視覚センサは固視微動を利用する高速微分両眼ステレオセンサの動作に移行して，対象の詳細な三次元形状とその変化を動的に計測するとともに，種々の濃淡特徴量や光沢感，オプティカルフロー運動境界線や立体境界線などを実時間抽出して，上位の認識機構に数値データ配列の形式で供給する．

[1-18] 四耳式音源定位センサと動特徴抽出型両眼視覚システム，および注意を向けるための頭部回転2軸，視線移動と輻輳のための眼球2軸の運動機能をもち，それらを自律統合的に動作させる．

(3) ヤドリバエ模倣型マイクロ音源定位センサ

この章の最初で，音源の定位には音圧の空間勾配が測れるほどのごくわずかな広がりと，瞬間と言えるほどのごくわずかな時間しか必要がないことを示した．しかし，従来からあるマイクロフォンを使ったシステムはそのようにはなっていなかった．もっと原理に忠実に，小さくて時間分解能も高いセンサは作れないのであろうか．特に半導体チップでミクロに作ることができれば，環境中にたくさん散りばめて無線で結び，三次元音環境をモニタリングするなどの最新のセンサネットワーク的な応用も可能である．

そこで，生物に学ぶというアプローチが考えられる．ヤドリバエは非常に小さな体長でありながら，その体長に対して何百倍も長い波長の音波に対して鋭い方向知覚をもっている．卵を産み付けるコオロギや蛾を音源定位するためである．ヤドリバエの聴覚器官を微細に観察すると，図1.22のように，中央支持された振動板が音圧の勾配によって発生する偶力（逆相成分）を検出する最適構造であること，中央の支持体で同相の音圧に対する感度を減じて逆相成分の検出を妨げない構造をもっていることがわかる．

そこで，この構造を模倣したマイクロ音源定位センサの開発を試みている[1.51, 1.52]．微小な振動板に働く音圧は，
① 振動板に一様に働く同相駆動力成分

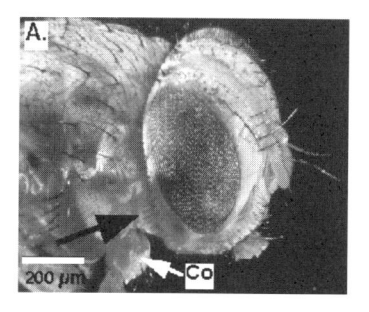

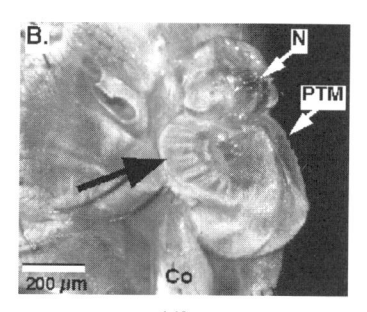

図1.21　ヤドリバエとその聴覚器の外観図[1-19]

[1-19] 頭の裏側にある左右の振動板の一体構造と中央支持構造を特徴とする．

1.6 研究事例の紹介

② 振動板を回転させようとする逆相駆動力成分（偶力）

に分解できる．後者が，音源方向の情報を含む音圧の空間勾配に相当する．しかし，一般のマイクロフォンでは同相成分しか検出できず，逆相成分は複数のマイクロフォンの差分によってしか求められないため，大きな面積が必要となり，しかも精度の低下が避けられなかったのである．中央ジンバル支持構造を導入した圧電型のセンサ（図1.23(a)）では，広い周波数範囲で高い逆相成分の感度をもつことが確認されている．同図(b)に示すように，シリコン微細加工技術によるマイクロ化も進展している．

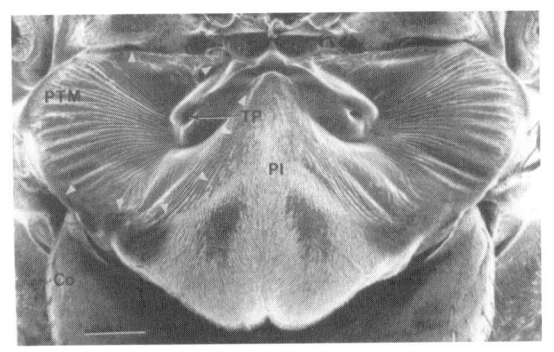

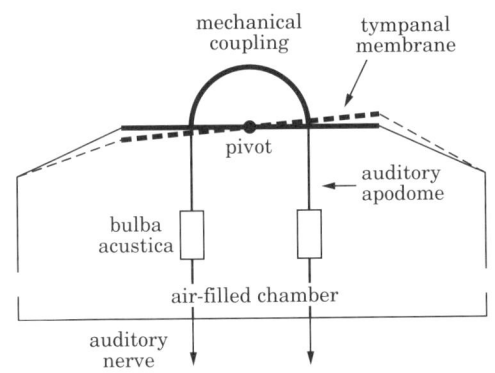

図1.22 ヤドリバエの聴覚器の正面図と構造図[1-20]

[1-20] 中央の支持体は振動せず，傾き振動の支点として機能する．左右の振動板は円弧状のはりで一体的に振動するように補強され，この振動が神経パルスに変換される．

(a)   (b)

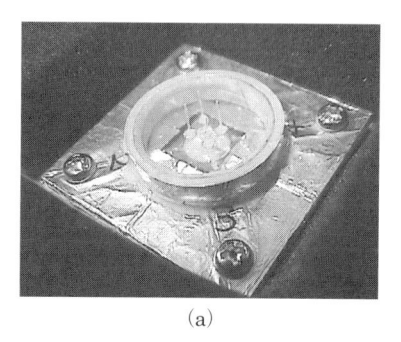

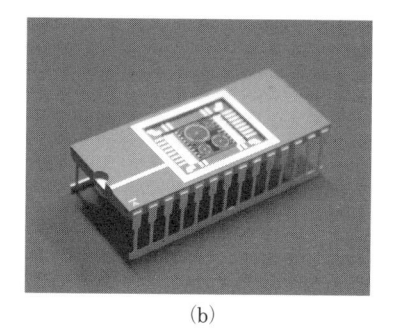

図1.23　ヤドリバエ模倣型センサ[1-21]

1.7　取り組むべき研究分野

　ネットワークセンシングシステムの構築には，デバイス技術，システム構成技術，情報技術の密接な連携を伴った発展を必要とする．すなわち，デバイス技術としてはマイクロセンサ，分布型センサ，アレイセンサ，RFID，マイクロマシン，マイクロ通信モジュール，超低消費電力，高信頼，長寿命，知能材料等々の研究開発が，システム技術としては柔軟ネットワーク，テレメトリ，標準化，知能化，アクティブセンサ，環境保全，福祉・医療，高度交通システム，流通システム，生産システム等々の研究開発が，ソフトウェア技術およびそれらの新しい可能性の提示と体系的基礎として自律分散，センサフュージョン，信号処理等の基礎理論，群知能，エージェント，知識共有，データベース等の研究開発が求められる．まさに現代の総合技術である．

[1-21] ジンバル支持の円形振動板が音圧の2次元空間勾配を振動板の傾き振動に変換し，同相振動を用いて相関検出することにより音源音の検出と定位を行う．

参考文献

[1.1] 日本電子工業振興協会「ネットワーク社会におけるヒューマンインターフェース調査専門委員会報告Ⅰ,Ⅱ」平成11年3月,平成12年3月

[1.2] 電子情報技術産業協会「資源循環社会におけるネットワークセンシング技術調査専門委員会報告Ⅰ,Ⅱ」平成13年3月,平成14年3月

[1.3] 安藤繁「資源循環社会実現のためのネットワークセンシング技術」計測と制御,Vol.40,No.1,pp.43-49,2001

[1.4] 電子情報技術産業協会「ユビキタス情報環境におけるセンシング技術調査研究報告書Ⅰ,Ⅱ」平成15年3月,平成16年3月

[1.5] 安藤繁「ユビキタス情報環境におけるセンシング技術:個別の知能化からネットワーク化と知識共有のセンシング技術へ」電気学会センサ・マイクロマシン準部門誌,Vol.123-E,No.8,pp.263-270,2003

[1.6] 安藤繁「ネットワークセンシングの現状と展望第1回:センサのネットワーク化の目的・技術要素・発展方向・研究課題」計測と制御,Vol.43,No.7,2004

[1.7] M.Weiser, "Computer of the 21st Century", Scientific American, Vol.265, 2001

[1.8] 坂村健『TRONからの発想』岩波書店,1987

[1.9] D.Tennenhouse, "Proactive Computing", Communications of the ACM, Vol.43, No.5, pp.43-50, 2000

[1.10] D.A.Norman, "The Invisible Computer", MIT Press, 1998

[1.11] A.Hopper, "Sentient Computing", Royal Society, The Royal Society Clifford Paterson Lecture 1999, Vol.358, pp.2349-2358, 2000

[1.12] R.Want, A.Hopper, V.Falcao, and J.Gibbons, "The Active Badge Location System", Trans. on Information Systems, Vol.10, No.5, pp.42-47, 1992

[1.13] A.Ward, A.Jones, and A.Hopper, "A New Location Technique for the Active Office", IEEE Persona lComm., Vol.4, No.5, 1997

[1.14] B.Brumitt, B.Meyers, J.Krumm, A.Kern, and S.Shafer, "Easy Living : Technologies for Intelligent Environments", Proc. of the 2nd International Symposium on Handheld and Ubiquitous Computing (HUC2000), pp.12-29, 2000

[1.15] C.D.Kidd, R.Orr, G.D.Abowd, C.G.Atkeson, I.A.Essa, B.MacIntyre, E.Mynatt, T.E.Starner, and W.Newstetter, "The Aware Home : A Living Laboratory for Ubiquitous Computing Research", Proc. of the 2nd International Workshop on Cooperative Buildings

(CoBuild''99) pp.190-197, 1999
[1.16] T.Okoshi, S.Wakayama, Y.Sugita, S.Aoki, T.Iwamoto, J.Nakazawa, T.Nagata, D.Furusaka, M.Iwai, A.Kusumoto, N.Harashima, J.Yura, N.Nishio, Y.Tobe, Y.Ikeda, and H.Tokuda, "Smart Space Laboratory Project : Toward the Next Generation Computing Environment", IEEE International Workshop on Networked Appliances (IWNA2001), 2001
[1.17] 徳田英幸, 中澤仁, 岩井将行, 由良淳一, 村瀬正名「ユビキタス空間を融合するネットワーク技術への課題」情報処理, Vol.43, No.6, pp.623-630, 2002
[1.18] 森川博之, 南正輝, 青山友紀「STONE:環境適応型ネットワークサービスアーキテクチャ」電子情報通信学会技報, IN2001-12, 2001
[1.19] http://www.csl.sony.co.jp/person/rekimoto/navi.html
[1.20] http://www.cc.gatech.edu/fce/archives/cyberguide/index.html
[1.21] http://www.computer.org/conferen/proceed/8192/pdf/81920074.pdf
[1.22] http://www.mic.atr.co.jp/dept2/c-map/index-jp.html
[1.23] http://www.csl.sony.co.jp/person/rekimoto/papers/iswc98.pdf
[1.24] http://www.media.mit.edu/people/rhodes/papers/weara-personaltech/index.html
[1.25] S.Deering, "Host extensions for IP multicasting", IETF RFC 1112, 1989
[1.26] W.R.Heinzelman, J.Kulik, and H.Balakrishnan, "Adaptive Protocols for Information Dissemination in Wireless Sensor Networks", Proc. of ACM / IEEE Int. Conf. on Mobile Computing and Networking (Mobicom'99), pp.174-185, 1999
[1.27] 宇佐美光雄, 井村亮「ミューチップ-ユビキタスネットワークの世界を広げる砂粒チップ」電子情報通信学会技報, Vol.87, No.1, pp.4-9, 2004
[1.28] H.Shinoda and S.Ando, "A Tactile Sensing Algorithm Basedon Elastic Transfer Function of Surface Deformation", Proc. IEEE ICASSP'92, SanFrancisco, pp.589-592, 1992
[1.29] H.Shinoda, M.Uehara and S.Ando, "A Tactile Sensor using Three-Dimensional Structure", Proc. 1993 IEEE Int. Conf. Robotics and Automation, Atlanta, 1993
[1.30] S.Ando and H.Shinoda, "Ultrasonic Emission Tactile Sensing", IEEE Control Systems, Vol.15, No.1, pp.61-69, 1995
[1.31] S.Ando, H.Shinoda, A.Yonenaga, and J.Terao, "Ultrasonic Six Axis Deformation Sensing", IEEE Trans. Ultrasonics, Feroelectronics, and Frequency Control, Vol.48, No.4, pp.1031-1045, 2001
[1.32] H.Shinoda and S.Ando, "On Intelligent Architecture for Tactile Sensor", Sensors

and Materials, Vol.7, No.4, pp.301-310, 1995

[1.33] M.Hakozaki, H.Oasa and H.Shinoda, "Telemetric Robot Skin", Proc. 1999 IEEE Int. Conf. on Robotics and Automation, pp.957-961, 1999

[1.34] H.Shinoda, N.Asamura, M.Hakozaki, and X.Wang, "Two-dimensional signal transmission technology for robotics", Proc. 2003 IEEE Int. Conf. on Robotics and Automation, pp.3207-3212, 2003

[1.35] http://www.shinnikkei.co.jp/company/news/2003/

[1.36] S.Ando, "Image Field Categorization and Edge / Corner Detection from Gradient Covariance", IEEE Trans. Pattern Anal. Machine Intell., Vol.22, No.2, pp.179-190, 2000

[1.37] S.Ando, "Consistent Gradient Operators", IEEE Trans. Pattern Anal. Machine Intell., Vol.22, No.3, pp.252-265, 2000

[1.38] T.Kurihara, N.Ono, and S.Ando, "Surface orientation image rusing three-phase illumination and three-phase correlation image sensor", Proc. SPIE, Vol.5013, pp.95-102, 2003

[1.39] H.Itai, N.Ono, and S.Ando, "A network-oriented facial authentication system with improved performance and security", Proc. SICE Annual Conference, pp.2760-2763, Fukui, 2003

[1.40] http://www-db.isl.ntt.co.jp/~exdemo/

[1.41] Enrico Viccario (ed.), "Image Description and Retrieval", Prenum Press, NewYork, 1998

[1.42] S.Ando, "An Autonomous Three-Dimensional Vision Sensor with Ears", Proc. Int. Workshop Machine Vision Applications, Kawasaki, Japan, pp.417-422, 1994

[1.43] 安藤，篠田，小川，光山「時空間勾配法に基づく3次元音源定位システム」計測自動制御学会論文集, Vol.29, No.5, pp.520-528, 1993

[1.44] M.Abe and S.Ando, "Nonlinear Time-Frequency Domain Operators for Decomposing Sound into Pitch, Loudness, and Timbre", Proc.Int.Conf.Acoust.SpeechSig.Proc., Detroit, 1995

[1.45] 安部素嗣，安藤繁「共有FM-AMの時間周波数統合に基づく聴覚情景解析（Ⅰ）──Lagrange微分特徴量とその周波数軸統合"，電子情報通信学会論文誌, Vol.J83-D-II, No.2, pp.458-467, 2000

[1.46] 安部素嗣，安藤繁「共有FM-AMの時間周波数統合に基づく聴覚情景解析（Ⅱ）最適な時間軸統合とストリーム音の再合成"，電子情報通信学会論文誌, Vol.J83-D-II, No.2, pp.468-477, 2000

[1.47] S.Ando and H.Hontani, "Automatic Visual Searching and Reading of Barcodes in 3-D Scene", Proc. IEEE Int. Vehicle Electronics Conf, 2001, Tottori, pp.49-54, 2001

[1.48] B.Mustapha and S.Ando, "A computer vision system for knowledge-based 3D scene analysis using radio-frequency tags", Proc. Int. Conf. Multimedia and Expo, Lausanne, 2002

[1.49] B.Mustapha and S.Ando, "Tag-based vision : Assisting 3D scene analysis with radio-frequency tags", Proc. Int. Conf. Image Processing, Rochester, 2002

[1.50] S.Ando and N.Ono, "A Bayesian theory of cooperative calibration and synchronization in Sensor Networks", Proc. Int. Conf. Networked Sensing Systems, Tokyo, 2004

[1.51] N.Ono, A.Saito, and S.Ando, "Bio-mimicry Sound Source Localization with Gimbal Diaphragm", Trans. IEEJ, Vol.123-E, No.3, pp.92-97, 2003

[1.52] N.Ono, A.Saito, and S.Ando, "Design and Experiments of Bio-mimicry Sound Source Localization Sensor with Gimbal-Supported Circular Diaphragm", Proc. 12th Int. Conf. Solid State Sensors and Actuators, pp.939-942, Boston, 2003

第2章
センサネットワークのプラットフォーム

　センサネットワークに限らず，一つのシステムはアプリケーションの要請に基づいて設計されるのが一般的である．たとえば，現在のインターネットの原型となったARPANETは，一つの通信拠点が破壊されても残りの通信拠点間での通信を維持できる堅牢な軍事用通信システムが必要であるという要請に基づき，ルータによりIPパケットを中継するパケット交換型のシステムとしてデザインされている．一般にシステム設計においては，アプリケーションからの要請がデザインを支配すると言っても過言ではなく，逆に言えばアプリケーションを意識しないシステム設計はありえない．

　センサネットワークにおいては，その傾向は特に顕著である．たとえばセンサネットワークを用いて農地にまかれた農薬や肥料の濃度を知るようなアプリケーションであれば，測定値は数十分から数時間に1回程度得られれば十分であろう．また，その測定値は必ずしもリアルタイムで得られる必要はないかもしれないし，場合によっては測定結果が一つや二つくらい欠落しても問題ない場合もあるかもしれない．しかしその一方で，農地のような屋外環境ではセンサの電源はバッテリとならざるを得ないので，できるだけバッテリの寿命を延ばすような仕組みが必要となってくる．これに対して，侵入者検知など何らかの異常事態を知らせるようなアプリケーションでは，異常を検知したセンサからのデータはできる限り速く，しかも確実に目的地へ届ける必要があろう．また，センサネットワークを工場などに適用した場合には，データの欠落が重大な事故につながる可能性があるため，高い信頼性，堅牢性，リアルタイム性などが求められてくる．

　すなわち，センサネットワークに求められるハードウェア，ソフトウェア，あ

るいは通信プロトコルなどに関する機能・性能要件は，センサネットワークをどのような分野に応用するかによってまったく異なってくるのである．センサネットワークを取り巻く技術にはまだ研究開発段階のものが多く，本格的にセンサネットワーク技術を適用した応用事例もあまり多くはない．このため，具体的にどのようなアプリケーションの場合にどのような設計をすべきかについて，一般性をもって議論することは非常に難しい．しかしながら，現在までにいくつかのセンサネットワークシステムが市販されているほか，研究レベルでは様々な実装実験が活発に行われており，これらの事例を通じてセンサネットワークのシステムデザインの考え方を知ることは可能であろう．

このような観点から，本章ではセンサネットワークの要素技術のうち，特にハードウェア周辺の技術を中心にその設計を見ていく．なお，センサネットワークの重要な要素技術の一つである通信プロトコルについては，第3章で別途詳しく説明する．

2.1　プラットフォーム開発の歴史

センサネットワークという言葉が研究者の注目を集めるようになったのは，米国国防総省高等研究計画局（DARPA: Defense Advanced Research Project Agency）のマイクロ電子機械システム（MEMS: Micro Electro Mechanical System）関連の研究プロジェクトで提案された，「スマートダスト（Smart Dust）[2.1]」に端を発する．図2.1に示すようにスマートダストのプロジェクトは，体積$1.5mm^3$以下，重さ5mg以下のサイズで，演算処理機能，センシング機能，通信機能および電源までをも具備するような超小型センサネットワークデバイスを，MEMS技術を用いて開発しようという極めて挑戦的なものであった．また，そのようなデバイスを用いたアプリケーションも多く考案された．もともとスマートダストのプロジェクトのスポンサーが国防総省であったため，スマートダストのアプリケーションは戦場の状況把握などの軍事目的の雰囲気が強かったが，そのほかにも工場の品質管理，商品管理，あるいはオフィス環境への適用などと

2.1 プラットフォーム開発の歴史

図2.1 スマートダスト

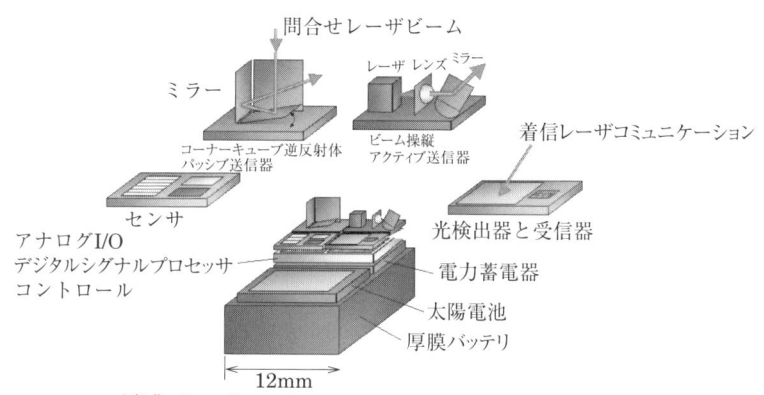

（出典：http://www-bsac.eecs.berkeley.edu/archive/users/warneke-brett/SmartDust/index.html）

いったアプリケーションが示された．また，非常に変わったアプリケーションとしては，空中に浮いているスマートダストの中に手を突っ込んでキーボード代わりに使用するというような，ユニークなアプリケーションまで考案された．

結局のところ，当初の目標をすべてクリアするデバイスは現段階では完成していないものの，無数のスマートダストが空中を漂いながら，互いに通信をし，実空間の情報を集めるというセンサネットワークの究極の姿を提案したという面で，そのインパクトは相当なものであった．また，それと同時にスマートダストは，膨大な数のセンサネットワーク用デバイスを空間に分散配置して使用するというセンサネットワークの基本スタイルを作ったともいえる．

一方，スマートダストの研究チームではより現実的な観点から，図2.2に示すような「COTSダスト（COTS Dust）[2.2]」と呼ばれるハードウェアプラットフォームの開発も行った．COTSとはCommercial Off-the-Shelfの略であり，「市販されている部品で組み上げられたもの」という意味合いを持つ．COTSダストの研究では当初，コイン大の大きさでバッテリ駆動のハードウェアを製作し，これを超小型無人機（MAV: Micro Air Vehicle）に搭載して戦場の状況を調査するなどといった，軍事利用のアプリケーションを対象として研究を行っていた．

(出典：http://www-bsac.eecs.berkeley.edu/archive/users/
hollar-seth/macro_motes/macromotes.html）

図 2.2　COTSダスト

　その後，このプロジェクトはDARPAのNEST（Network Embedded Software Technology）プロジェクトとして採択され，ハードウェア的な改良や，そのハードウェア上で動作する各種のソフトウェアの開発が行われ，今日ではMICA MOTEとして一般に市販されるまでに至っている．

　COTSダストの成功により，センサネットワーク用ハードウェアプラットフォームが一般に入手できるようになると，そのようなハードウェア，すなわち無線通信機能と演算処理機能を具備するバッテリ駆動のセンサネットワーク用デバイスを用いて，世界中の研究者が様々なアプリケーションを考案し実装するようになった．

　そのようなアプリケーションが開発されるようになると，今度はセンサネットワークの現実的課題が明らかになった．たとえばセンサネットワークは多くのデバイスを分散配置して使用するため，コストの問題から計算資源や通信資源が限られることとなり，少ない資源でシステムが動作できるような工夫が求められる．また，電源としてバッテリを用いる場合には，バッテリ寿命を最大限に延ばすような工夫も必要となる．さらに，多くのセンサを分散配置するならば，環境問題などにも配慮する必要があろう．

　このような課題が明らかになるにつれ，センサネットワークにはハードウェア，ソフトウェアの両面においてそれらを考慮に入れたデザインが求められるように

なり，今日ではそれらの課題を克服するための研究開発が盛んに行われている．

2.2 プラットフォームの構成要素

一般的にセンサネットワーク用デバイスは，図2.3に示すように通信モジュール，マイクロプロセッサ，センサ，および電源の四つの要素で構成される．本節ではこれらのうち，センサネットワークに特徴的な通信モジュールとCPUの動向について紹介する．

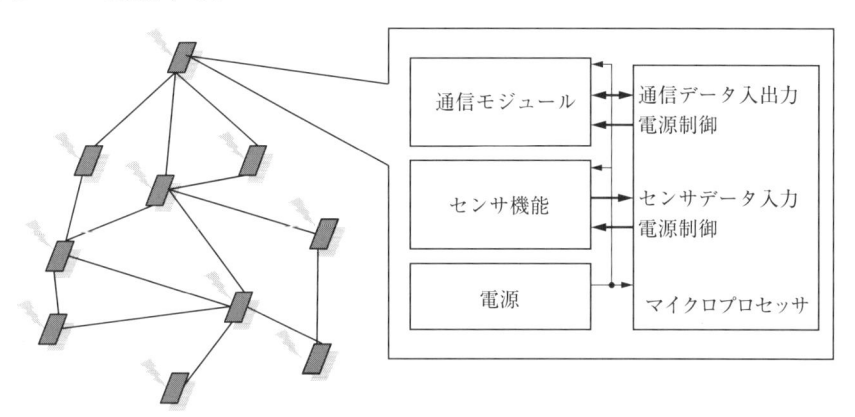

図 2.3 センサネットワーク用ハードウェアの一般的な構成

2.2.1 通信モジュール

センサネットワークに用いられる通信モジュールは，通信メディアとして無線を用いるか有線を用いるかによって2種類に大別される．通信メディアとして無線を用いる，いわゆる無線センサネットワークと呼ばれるセンサネットワークでは，多くの場合，多数のデバイスを自然環境など比較的広範囲な環境に分散配置して使うというスタイルが想定される．そのためバッテリ駆動が前提となり，低消費電力な無線通信モジュールが好んで使用される．センサネットワークで用いられる代表的な通信モジュールを表2.1に示す．現在のセンサネットワーク用デバイスに用いられている無線モジュールの多くは，通信速度が数十kbps〜百

表 2.1　代表的な無線通信モジュール

デバイス	Chipcon CC1000シリーズ	RFM TRシリーズ	ZigBee (Chipcon CC2420など)	Bluetooth	各社特定省電力無線モジュール
周波数帯	300〜900MHz帯	300〜900MHz帯	2.4GHz帯 (868MHz帯, 915MHz帯もサポート)	2.4GHz帯	400MHz帯
規格	微弱無線	微弱無線	IEEE802.15.4	IEEE802.15.1	特定省電力無線 (ARIB-STD-T67)
最大チャネル数	数〜数十チャネル (周波数帯や通信速度などに依存)	単チャネル	16チャネル	32チャネル	数十チャネル
最高通信速度	150kbps	111.5kbps	250kbps	1Mbps	2400bps
最大通信距離	約10m	約10m	約30m	約10m	約百m程度
変調方式	FSK/ASK/GFSK	ASK/OOK	DSSS	FHSS	FSKが多い
センサネットワークシステムへの適用例	MICA2 MOTE, Enter, Solar Biscuitなど	MICA MOTE, i-been, SmartIts, U-Cubeなど	MICAz MOTE, Telos, i-bean, Sensimesh, 国内メーカのセンサネットワーク試作システムなど	SmartIts (BTnode)など	国内メーカのセンサネットワーク試作システムなど
その他	—	—	1ネットワークあたり最大64,000台のノードを接続可能。メディアアクセス制御プロトコルを装備。	1ネットワークあたり最大8台のノードを接続可能。メディアアクセス制御プロトコルを装備。	—

数十kbps程度で，数m〜数百m程度の通信距離が確保できる微弱あるいは特定小電力無線通信モジュールである．また，ほとんどの無線モジュールはスリープモード（あるいは待機モード）を持っており，システムの消費電力を抑える用途に使用される．一般に無線で情報を送受信することは，有線で行うのに対して多くのエネルギーを必要とする．このため無線センサネットワークでは，無線モジュールのスリープモードを上手く利用して，必要なとき以外は無線モジュールを使用しないように工夫している．

　これらの無線モジュールは無免許で簡単に使用でき，安価であるという特徴をもっている反面，内蔵されている機能は無線で通信を行うために必要最小限な機能にとどまっているものが多い．このため，受信したデータにエラーがあった場合にこれを検出したり訂正したりする誤り検出・訂正符号化や，複数の端末が同一のチャネルを用いて通信を行う際に必要となるMAC (Medium Access Control) プロトコルなどは，利用者が独自に実装しなければならない．

　これに対して電源事情をさほど気にしなくて良い用途には，Bluetoothや無線LAN (802.11a/b/g) といったような高速かつ高機能なデバイスが使用されることもある．さらに近年では，標準化の進みつつあるZigBee (IEEE802.15.4) をセンサネットワーク用の無線通信方式として利用する動きも活発である．ZigBeeはBluetoothや無線LAN等と同じ2.4GHz帯の電波を使うシステムであるが，省電力性に優れており，センサネットワーク用の高速・低消費電力の無線モジュールとしての利用も期待されている．また，次世代の近距離無線通信方式の主役として期待されているUWB (Ultra Wide Band) においても，その標準化団体でセンサネットワーク用のUWBの規格を制定する動きがあるなど，センサネットワーク用の無線技術は今後さらに発展すると考えられる．

　なお，国内においては電波法の関係上，やたらな周波数や出力で無線モジュールを使うことはできない．このため，特に海外のメーカが製造した無線通信モジュールやそれを搭載したハードウェアプラットフォームの利用を検討する場合には，周波数や出力に注意が必要である．

　センサネットワークの分野では，スマートダストのイメージからいわゆる分散

配置型の利用形態をとる無線センサネットワークが注目されがちであるが，現実的にセンサを活用しているアプリケーションを考えると，FA (Factory Automation) などの産業用分野が圧倒的に多い．そのような環境では，いわゆる環境モニタリングのようなアプリケーションと異なり，高い信頼性，安定性，あるいはリアルタイム性などが求められる．一般に無線通信は，電波干渉や多重伝搬（マルチパス）など周辺の環境によりその性能が著しく変化する．このためFA分野などでは，無線よりも有線の方が好都合であることが多い．また，有線でネットワークを構成する場合，たとえばPoE (Power on Ether) やUSB (Universal Serial Bus) のように，通信機能のみならず電源供給も同時に行えるように作れる点も大きな利点となる．

かつてFA分野などでは，どちらかというとそれぞれの現場の特徴に合わせて専用のセンサシステムがデザインされてきた．そのようなシステムでは，センサからのデータはRS-232C規格等のシリアルインタフェースを用いてメインコントローラに伝送される形態をとるのが一般的である．しかしながら，このような専用システムではコントローラとセンサ間のデータ形式などがシステムごとに異なるため，違うメーカのセンサを利用することが困難になる．また，新たなセンサを追加したい場合に新たにコントローラまでの配線を用意したりする必要が生じ，柔軟性に非常に欠けるシステムとなる．

このような問題に対し，図2.4に示すようなバス型の通信メディアを用いて，有線ネットワークに各種のセンサを簡単につなぐための汎用的な通信規格が登場している．そのような規格の代表的なものにIEEE1451がある．IEEE1451は，センサやアクチュエータ（モータなどの能動的な部品）を簡単にネットワークに接続できるようなインタフェースを規定した標準規格である．IEEE1451の規格では，センサやアクチュエータはスマート・トランスデューサ・インタフェース・モジュール (STIM: Smart Transducer Interface Module) として取り扱われ，センサやアクチュエータの仕様などを収めたデータシート (TEDS: Transducer Electronic Data Sheet) を保有する．STIMはNCAP (Network Capable Application Processor) に接続され，NCAPを通じてネットワークに接

2.2 プラットフォームの構成要素

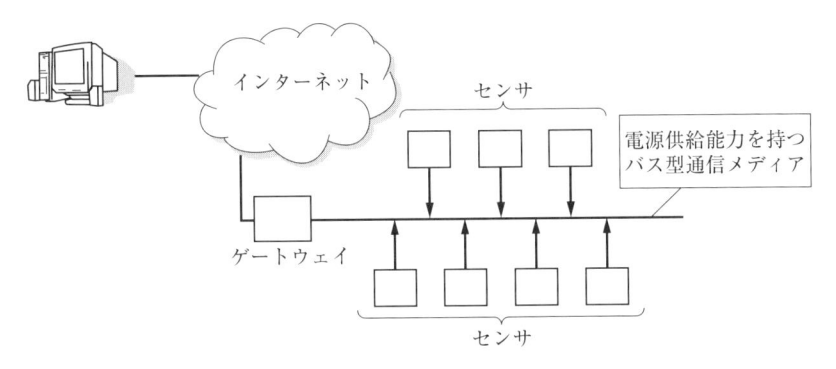

図 2.4 有線センサネットワーク

続される．なおIEEE1451では，有線ネットワークとしてどのようなネットワークを用いるかについては規定していない．このため，有線ネットワークのみならずBluetoothや無線LAN，あるいはZigBeeなどの無線ネットワークを用いたセンサやアクチュエータの接続も可能となっている．

IEEE1451以外の有線ネットワークインタフェースとしては，DALLAS/MAXIM社による1-wireやエコーネット，LonWorksが有名である．1-wireもやはりセンサやアクチュエータを簡単にネットワーク化できる規格であり，センサやアクチュエータデバイスの制御，データの送受信などが単線で可能であるという特徴をもっている．また，各種センサからメモリまで対応製品も数多く存在し，IEEE1451とも関係が深いが，詳細についてはここでは割愛する．エコーネットは，国内の大手電機メーカが中心となって策定した屋内用のネットワークの規格であり，家電，空調，照明などの屋内の機器を簡単にネットワーク化する目的で作られている．エコーネットは一種のミドルウェアであり，アプリケーションに対してメーカ間での機器の差異や，通信メディアの差異などを吸収できる．このため，通信メディアにはイーサネット，無線LAN，電灯線LAN，特定小電力無線，あるいはBluetoothなどの多彩なメディアが利用可能である．本来，エコーネットは家電の制御を中心に発展してきたが，屋内向けのセンサネットワークに利用することも十分に可能である．

2.2.2 マイクロプロセッサ

センサネットワークに用いられるマイクロプロセッサは，32ビットあるいは64ビットの処理能力やGHzを越えるクロック周波数，複雑なメモリ管理機能，あるいは高度なマルチメディア処理機能などを備えるパソコン用の汎用マイクロプロセッサと異なり，8ビットあるいは16ビット程度の処理能力で，数MHz～数十MHz程度の動作周波数の組込用マイコンがよく利用される．その理由は，センサネットワーク用のプロセッサはセンサからデータを取得することと，そのデータを目的地に送り届けるための通信の制御が主な仕事であり，高速・高機能なマイクロプロセッサを使用するほどの処理能力を必要としないからである．また，センサネットワークでは多くのセンサネットワークデバイスを使用してシステムを構築することが多いため，コストの面からも高機能なマイクロプロセッサを使用することが難しいという点もあげられる．さらに，これは特に無線センサネットワークに言えることであるが，センサネットワークでは消費電力を抑えるためにスリープモードをもっているプロセッサを用いることが多い．スリープモードとは，マイクロプロセッサがその内部状態を保持したまま，超低速動作（停止状態も含む）へ移行した状態を指し，スリープモードのときは通常時に比べて数百分の1～数千分の1程度の消費電流となる．スリープモードから通常状態への復帰は，外部の割込み端子などに信号を入力することで行い，たとえば通信モジュールからのデータの到着を示す信号や，センサからの信号などを用いて行う．

センサネットワーク用のマイクロプロセッサとして最もよく用いられるのは，Microchip社のPICマイコンとAtmel社のAVRマイコンである．特に日本国内では，Microchip社のPICマイコンはアマチュアを中心に根強い人気をもっており，関連する書籍も数多く発行されている．一方，Atmel社のAVRマイコンは後述するMICA MOTEに用いられており，MICA MOTEの普及に伴って知名度を上げてきている．このほかにも，低消費電力・高速動作を特徴とするTexas Instruments(TI)社のMSPシリーズや，超小型パッケージのプロセッサを提供しているCygnal社のC8051シリーズ，あるいはJava VMが動作するDALLAS/MAXIM社のDS80シリーズ（いずれもIntel 8051マイクロプロセッサ互換）など，

様々なプロセッサが開発されている．また，消費電力をあまり考えなくてもよい用途にはRenesas社のH8シリーズなど，より高機能で高速なマイクロプロセッサが利用できる．いずれのマイコンも組み込まれている機能（A/Dコンバータ，D/Aコンバータ，プログラマブルタイマ，メモリ容量など）により多くの種類があり，用途に応じて様々なプロセッサを選択できるようになっている．なお，さらに高機能・高性能なプロセッサが必要な場合には，Renesas社のSHシリーズやIntel社のARMシリーズなどのプロセッサも利用できるが，このクラスになると携帯電話やPDA（Personal Digital Assistant）用のプロセッサとなり，消費電力やコストの面からセンサネットワークに利用されることは少ない．

センサネットワーク用のマイクロプロセッサを考える上でもう一つの重要な判断材料は，オペレーティングシステムを含めたソフトウェアの開発環境である．センサネットワーク用マイクロプロセッサの多くは，プロセッサのメーカが優れたソフトウェア開発環境も同時に提供している場合が多い．開発用の言語もC言語で記述できるものが増えており，アセンブリ言語のように入門者にとって敷居の高い言語をマスターしなくとも比較的容易に開発ができるようになっている．また，いくつかのプロセッサでは，サードパーティから開発環境が提供されているものもある．さらに，gccなどのフリーの開発環境を利用できるプロセッサもある．

既に述べたように，センサネットワーク用のマイクロプロセッサは比較的単純な処理をすることが多いため，いわゆるLinuxのような高機能なオペレーティングシステムを利用することは現在ではあまり多くないが，プロセッサの中にはこうしたオペレーティングシステムを利用できるものもある．たとえば，Renesas社のH8シリーズではTRON準拠のリアルタイムOSがサードパーティから販売されていたり，有志によってH8で動作するLinuxを開発しようという動きもある．また，詳しくは後述するが，MICA MOTEのようにセンサネットワーク専用の独自OSが開発されている場合もある．

2.3 MICA MOTEとTinyOS

本節以降では，これまでに開発されてきたセンサネットワークプラットフォームとその周辺技術の事例について紹介する．これまでに多くの企業や大学においてセンサネットワークプラットフォームが開発されてきたが，その中でも最も有名なシステムはMICA MOTEであろう．本節ではまず，センサネットワークプラットフォームの典型的な開発事例としてMICA MOTEを見ていくことにする．

2.3.1 MICA MOTEの概要

MICA MOTEは最も早く市販されたセンサネットワークプラットフォームであり，2.1節でとり上げたCOTSダストをベースにいくつかの改良が加えられたものである．現在，MICA MOTEにはいくつかのバージョンがあり，最初に市販されたMICA MOTE，無線モジュールにChipcon社のCC1000を使用したMICA2，コイン大のサイズが特徴的なMICA2DOT(無線モジュールはMICA2と同様にCC1000を使用)，無線モジュールにZigBeeを使用したMICAz，あるいはマサチューセッツ工科大学で開発された超音波を使った位置検出システムであるCricketを搭載したMICAcなどがある(図2.5)．

MICA MOTEはもともと大学の研究プロジェクトから生まれたシステムであるため，発売当初は研究用のセンサネットワークシステムとしての色合いが強かった．このため，特定のアプリケーションにターゲットを絞ったデザインとはなっておらず，センサネットワークの実験を行うための必要最小限の機能を入れ込んだ形になっていた．最初に発売された初代MICA MOTE(実際には研究開発段階でいくつかのバージョンのMOTEが作られているが，ここでは最初に販売されたものを初代MICA MOTEと呼ぶことにする)は，マイクロプロセッサにAtmel社の8ビットAVRマイコン(ATMEGA 103，4MHz)を搭載し，無線モジュールにはRFM社のTR1000(変調方式はASK，通信速度は約50kbps)が用いられていた．初代MICA MOTEは，これらマイコンと無線モジュール，および単3乾電池2本によって構成されるボードを基本とし，このボード上にコネクタ

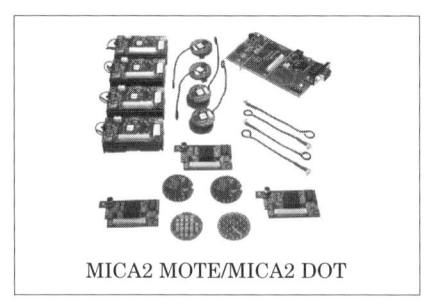

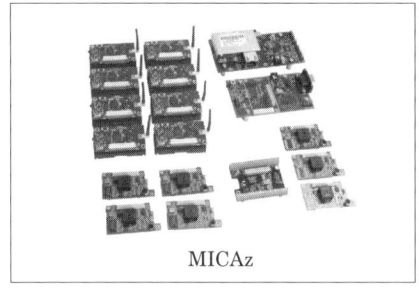

2.3 MICA MOTE と TinyOS

初代MICA MOTE	MICA2 MOTE/MICA2 DOT
MICAz	MICAc

（出典：Crossbow社Webページ）

図 2.5 MICA MOTE

を介して各種センサが搭載されたボードなどを取り付けられるようになっている．センサボードには温度センサ，加速度センサ，光センサ，地磁気センサが搭載されており，マイクロフォンとスピーカもボード上に実装されている．初代MICA MOTE は，動作状態（通信の頻度，センシングの回数，あるいはマイクロプロセッサのスリープの間隔など）にも依存するが，アルカリ単3乾電池2本でおよそ数日間〜10日間程度動作できる．

　発売当初，MICA MOTE は製品の本格的なサポートは一切無く，単にハードウェアを提供しているに過ぎなかったが，その一方で MICA MOTE をコントロールするためのオペレーティングシステムである TinyOS がオープンソースのプロジェクトとして存在し，TinyOS 関連のメーリングリスト内で多くの技術的な情報が提供されてきた．MICA MOTE にはハードウェア的に目立つ特徴は少ないが，センサネットワークの開発事例として成功を収めている背景には，この

TinyOSの存在が大きい．以下ではTinyOSについて少し詳しく説明することにする．

2.3.2 TinyOSのデザイン

TinyOSは，MICA MOTEのようにハードウェアの機能・性能が極めて限られたセンサのために提案されたオペレーティングシステム（OS）である［2.2］．ただし，UNIXなどのような汎用のOSに比べるとTinyOSの機能は限られており，実際には組込機器用のモニタープログラムなどに近いものである．一般にセンサ用OSは汎用OSと比べて，要求条件の上で次のような違いがある．

① OSの制御対象であるシステム（すなわちセンサネットワークシステム）の最大の目的は，外部状態を測定することである（汎用OSは文字通り汎用のシステムである）．
② 表示装置等はないから，測定したデータは別の場所や装置に送信するしかない（汎用OSは基本的にはスタンドアローンで動作する）．
③ ハードウェア資源，特にCPU/メモリ/利用可能なエネルギ（つまり電力量）が極めて限られている．
④ 測定という目的は決まっているものの，多様な環境で利用される．

①と②から，通信手段を経由した測定要求を受けて，あるいは自発的に外部環境を測定することが，OSの上に乗るプログラムの主たる仕事ということになる．要求元もセンサも複数あり，これを処理するプログラムも複数になる．OSの主な仕事は，これら同時並行的に進む様々な処理を交通整理して，ハードウェア資源を有効に使うことである．TinyOSの計算モデルは，これを最大の目的としてデザインされている．

③と①から，目的に絞った形で通常のOSのもつ機能を削減することが必要になる．具体的な例としては，任意のプログラムを動的にロードして実行する必要がないため，カーネル空間を保護するという汎用OSでは最も重要な機能がない．また，ユーザが直接利用するシステムではないからユーザという概念はなく，ユー

ザ間を保護する機能もない.

最後に④については,後述するように,ソフトウェアをモジュール化しやすい計算モデルとすることで,アプリケーションや利用シーンなどに合わせたモジュールの組み替えやハードウェア化を可能としている.

2.3.3　TinyOSの計算モデル

TinyOSでは,アプリケーションプログラムはモジュールと呼ばれる部品同士を接続したグラフで表現される(図2.6).モジュール間の接続,つまりグラフのエッジはインタフェースと呼ばれる.インタフェースは双方向である.インタフェースを外部に見せる(提供する)側のモジュールとそれを利用する側のモジュールがあった場合,利用側モジュールからの呼び出し(と値のリターン)をコマンドと呼び,逆方向からの呼び出しをイベントと呼ぶ.プログラムの実行は,モジュール内の実行およびコマンドとイベントによるモジュール間の情報の送受信によって進む.

モジュール内実行とそれによって引き起こされるコマンド実行という一連の処

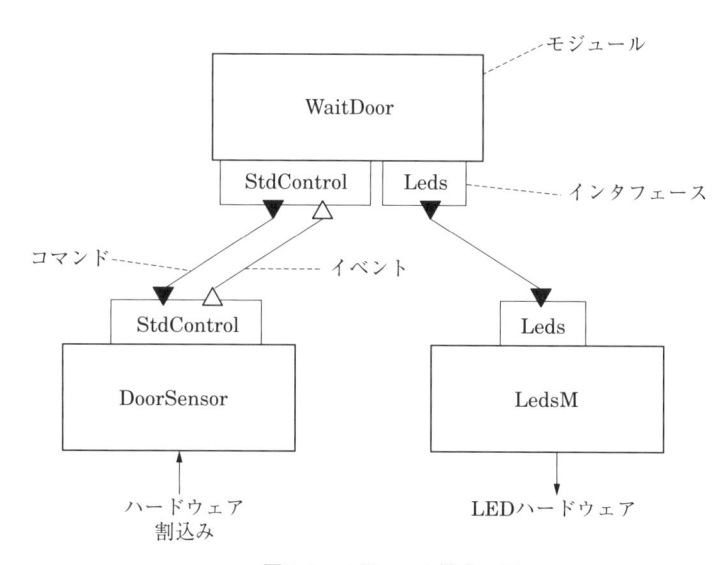

図 2.6　モジュール構成の例

理は，タスクと呼ばれる概念で抽象化される．TinyOSでは，複数のタスクを並行して実行できる．ただし，汎用OS上の（プロセスなどと呼ばれる）並行実行単位とTinyOSのタスクは，次の点で大きく異なる．すなわちタスクは，一旦実行を始めたらその実行が終わるまでサスペンドすることなく走り切る（これをrun-to-completionと呼ぶ）．UNIXにおけるsleep()やread()のように，実行がサスペンドするシステムコールはTinyOSには存在しない．したがってTinyOSのタスクは，正確には並行実行の単位ではなく，一連の意味のある仕事の固まりを表現するものでしかない．また，タスクはその実行中に，他の優先順位の高いタスクにより実行を横取りされない（この性質をno-preemptionと呼ぶ）．このため，実行時間の長いタスクを実行すると，他のタスクの実行は長い間待たされることになる．

　サスペンドしたり緊急に処理したりするようなプログラムは，イベントを用いて記述する．イベントは割込みに相当する．モジュールグラフの最下層には，ハードウェアそのものがあると考えればよい．ハードウェアは，ある条件が成立したときに割込みを起こす．この割込みにはイベントインタフェースが接続されており，イベントインタフェース利用側のモジュールの中に定義されているコードが実行される．イベントインタフェースを呼び出せるのは，ハードウェア割込みか，またはイベントによって起動されたコード内からのみである．つまり，ハードウェア割込みをきっかけとして，グラフ上で下位から上位の方向にイベントが伝播していくイメージである．なお，イベントのコード内からコマンドを呼び出すこともできる．

　イベントも当然run-to-completionであり，一気に実行される．イベントの中で時間のかかる処理を実行する必要が出てきたときには，タスクを新たに生成する．イベントの実行が終わると，イベント発生の直前に実行していたタスクが継続実行される．そのタスクの実行が終わったときに，この新たに生成されたタスクが実行される（他にもタスクがあれば，そちらが実行される可能性もある）．

　例として，以上の計算モデルを使ってドアの開閉をセンスするマイクロスイッチがONになったらLEDを点灯するプログラムを記述すると，次のようになる．

① WaitDoorモジュールからDoorSensorモジュールのコマンドstart()を呼び出して，センサの監視を始めるよう指示し，自分の実行は終了する．
② DoorSensorモジュールのイベントインタフェースにはハードウェア割込みが接続されている．ドアセンサがONになると割込みが発生し，DoorSensorモジュールのイベントが実行される．
③ そのイベントの中で，WaitDoorモジュールのイベントfired()を呼び出す．
④ WaitDoorモジュールはイベントfired()が呼び出されたので，ドアスイッチがONになったと判断し，LEDのモジュール(LedsM)のredOn()を呼び出す．

このように本体の実行は，イベント呼出しを設定して自分は終了してしまい，その後はイベントが起点となって連鎖的に処理が進んでいく．これをイベント駆動型計算と言う．一方，通常の逐次実行型計算では外部事象が発生するのを待つのが基本であり，たとえばUNIXにおけるread()システムコールはディスクからメモリにデータが読み込まれるまで待つことになる．センサからの割込みを中心とした並行的な処理を記述するためには，イベント駆動型計算が適している．また，逐次実行型では待っていない状態で発生した外部事象をメモリに蓄えておく必要があるが，イベント駆動型ではただちに処理されてしまうため，メモリ量が少なくて済む．さらに，この「待つ」という処理はOSの実装上メモリ量やCPU負荷が高く，この点でもイベント駆動型は有利である．

TinyOSのこのような設計思想は，OSを軽量化するという目的の他に，ハードウェアとの相性のよさを考慮したものである．複数のモジュールがコマンドとイベントというある種の信号で接続されるというイメージは，ハードウェア部品の配線に類似している．TinyOSでは，ハードウェアコストや技術レベルに合わせて，モジュールの一部だけをハードウェアで置き換えることが可能である．

コマンドとイベントというインタフェースを従う限り，モジュールがソフトウェアで実現されてもハードウェアで実現されても構わないのである．

2.3.4　TinyOS用のプログラム言語：NesC

　TinyOS上のアプリケーションは，上記に述べた計算モデルにしたがわなければならない．プログラム言語NesC［2.3］を用いれば，これにしたがったプログラムを容易に記述することができる．NesCは，C言語を拡張した言語である．紙面の関係からNesCの詳細をここで説明することは避け，先に述べた例を実現するNesCプログラムの一部を以下に示すにとどめる．

```
 1:module WaitDoor{
 2: provides{
 3:   interface StdControl;
 4: }
 5: uses{
 6:   interface SensorControl;
 7:   interface Leds;
 8: }
 9:}implementation{
10:  command result_t StdControl.start(){
11:    call SensorControl.start();
12:    return SUCCESS;
13:  }
14:  event result_t SensorControl.fired(){
15:    call Leds.redOn();
16:    return SUCCESS;
17:  }
18: }
```

注：このリストは説明用のため，そのまま実行できない

　1から8行目はモジュール名の宣言と，このモジュールが提供するインタフェース，およびこのモジュールが利用するインタフェースの宣言である．ここで，インタフェースは別に定義されているものとする．9行目以降がモジュールの実装である．10から13行目で，このモジュールを提供するインタフェースStdControlの中のstart()というコマンドを定義する．このコマンドを呼び出すと，SensorControlインタフェースのstart()コマンドを実行する．ここで，callはコマンドの実行を意味する．14から17行目は，SensorControlインタフェースのイベントfired()の定義である．イベントはインタフェースを利用する側が定義することに注意されたい．このイベントが実行されると，LedsインタフェースのredOn()コマンドが呼び出され，赤いLEDが点灯する．

なおこの例は，WaitDoorのモジュール定義の部分だけである．左記リストの6行目では，WaitDoorがSensorControlとLedsという二つのインタフェースを使うことしか表現していない．実際は，それらのインタフェースを提供するモジュールはたくさんあり，どのモジュールとどのインタフェース（この例ではDoor SensorモジュールのSensorControlインタフェース）を利用するかはconfigurationと呼ばれる記述で別途指定する．これは，いわば図2.6の結線図である．

NesCには，この他にもいくつかの特徴がある．その一つは，TinyOS特有のコマンドとイベントという複雑な並行実行計算モデルをサポートするための，モジュール間共有変数の競合回避機能である．変数競合は，たとえばある変数に1を加えるという操作中に割込み（イベント）が発生し，その変数に別の値が書き込まれた場合に発生する．割込みから戻っても元の加算が継続されるため，割込み処理の中で書き込まれた値が上書きされてしまう．これを回避するために，そのようなことが起こりうることをコンパイラが検出して警告したり，プログラムが割込みを一時的に禁止したりすることができる．

2.3.5　TinyOSにおける通信方式

センサノード間の通信については，たとえばTCPのような信頼性のある接続が必要なのか，データリンクだけで十分なのかといったことすらいまだに明らかになっていない．そのためTinyOSでは，柔軟性かつ単純な通信機能だけが提供されており，その上にアプリケーションごとに必要なネットワークを仮想的に構築できるようなっている．

TinyOSの通信方式は，Tiny Active Messageと呼ばれる．この方式では，隣接ノード間の通信方法とそのパケット形式だけが決められている（図2.7）．図のaddressにはあらかじめ決められたノードのアドレス，またはブロードキャストアドレスが指定できる．それぞれのノードはグループに所属しており，これをgroupで指定する．グループが異なるノード同士は，ブロードキャストを用いても通信できない．グループにより，同じエリアに置かれたセンサノード群を仮想的に分割したりすることができる．

address (16bit)	type (8bit)	group (8bit)	length (8bit)	data	CRC (16bit)

図 2.7　Tiny Active Message のパケット構造

typeはTiny Active Messageの最も特徴的な部分である．あらかじめtypeの値ごとにイベントを定義することができ，パケットが受信されるとそのイベントが呼び出される．つまりTinyOSでは，通信パケットをノード間にまたがるイベントと捉えている．インターネット等で一般に用いられているクライアントサーバシステムにおいては，サーバはクライアントからの要求を待っている必要がある．一方Tiny Active Messageでは，パケットの中にそれを処理するための情報（すなわちイベントのtype）が入っており，受信側が待っている必要はない．パケットが到着すると，ただちにそれに対応するイベントが実行される．

2.3.6　MICA MOTE と TinyOS の展望

MICA MOTEは，センサネットワークブームの火付け役となったスマートダストの流れを汲み，早い段階からハードウェアとソフトウェアの開発を行ってきたため，TinyOS用の様々なソフトウェアが開発されている．たとえば，MOTEが受け取ったデータをパソコンの画面にグラフィカルに表示するOscilloscope，SQLと同様のシンタックスでセンサネットワークからリアルタイムにデータを収集するTinyDB [2.4]，オープンソースのデータベースであるPostgreSQLへの接続ツール，商用の信号処理ソフトウェアであるMatlabへの接続ツール，セキュアな通信を行うためのTinySec [2.5] などが提供されている．

また，TinyOSの開発チームは，Webを通じで精力的に普及活動を行っている．彼らはTinyOSをオープンソースとして開発していくことで，MICA MOTE とTinyOSの問題点の洗い出しと改良を日々行っている．TinyOSのメーリングリストに加入すると，毎日のように利用者からのフィードバックコメントが投稿されてくる．たとえば，室内環境においてエネルギー利用管理や環境モニタリングに使用している現場からは，インタラクティブにリアルタイムなデータにアクセスするための手法に関する問題点が明るみになったり，いわゆるユビキタスコン

ピューティングとの関わりやMICA MOTEが構成するネットワークの管理方法，プライバシーやセキュリティなどの新たな課題が明らかになったりしている．また，自然環境における生き物の生態調査に用いられた現場からは，過酷な自然環境下でも耐えうるパッケージングデザイン，ツール群，ノードの寿命向上，パワー管理，観測対象の予測可能性の検討，長期間データ分析の意味，遠隔管理・保守，耐遅延ネットワークに関する課題が明らかになっている．

　これまでのセンサネットワークに関する研究においては，ほとんどのケースにおいて個々のアプリケーションごとに最下層の制御ソフトまでのすべてを作っていた．しかしセンサシステムは，要求条件の箇所で述べたように汎用システムとは異なる特殊なシステムであり，これをアプリケーションごとに最下層まで実装することは大きなコストとなる．TinyOSは，一つのノードにおける最も基本的な部分のソフトウェアを共通化するものであり，これによりシステム構築コストの一部が大いに軽減したと言えよう．

　センサ単体のOS分野においても研究課題は多く残されているが，今後はそれらノード群を連携させるための分散OSないしは分散ミドルウェアへと研究が進むと考えられる．それは前述のように，センサノード単体では意味のある仕事ができないからである．そのような研究の一例は，センサネットワーク全体での分散的なリソースのスケジューリングである．ノード間の電源残量の偏りを平均化するように処理を振り分ける技術，あるいは計算と通信のエネルギーコストを考慮して計算量と通信量を最適に配分する技術などである．また，第3章で詳しく述べるが，センサネットワークにおいてはデータの発見・収集とルーティングは密接な関係にあり，これを効率よく行うための研究等も重要となろう．

　MICA MOTEは，市販品を組み合わせただけの部品構成でセンサネットワークを実現したものではあるが，ハードウェアを動作させるための開発環境をオープンソースで開発し，世界各国で販売を行うとともに分野の異なる研究者などにも積極的に使ってもらうことでコミュニティを拡大して今日に至っている．また，MICA MOTEを販売しているCrossbow社も，これまでは研究者をターゲットに販売を拡大してきたが，後述するように多くのライバルシステムが登場してき

ていることもあり，今後は環境モニタリングやFA分野などへの本格的な進出を狙って積極的に販売活動を進めている．センサネットワークに携わる者としては，彼らの研究活動や普及活動から学ぶところは多い．

MICA MOTE は，本書の執筆時点でも様々な進化を遂げつつあり，"MOTE on a chip"と呼ばれる MICA MOTE の機能をワンチップLSI化することで徹底的な低消費電力化を目指すプロジェクトも進められている（図2.8）．MICA MOTE と TinyOS の今後の動向は，大いに注目していく必要があると考えられる．

なお，TinyOS を開発しているカリフォルニア大学バークレイ校のチームでは，博士課程の学生が中心となって MOTEiv という会社を立ち上げ，TinyOS が動作するオリジナルのハードウェア Telos の提供も始めている（図2.9）．Telos は，マイクロプロセッサに Texas Instruments 社の MSP430（8MHz），無線モジュールには Chipcon 社の CC2420（ZigBee対応無線モジュール）を用いたハードウェアであり，TinyOS は Telos も正式にサポートする．TinyOS の Web サイトでは Telos に対応した TinyOS をリリースしており，Telos を用いて ZigBee によるセンサネットワークシステムの構築が可能となっている．Telos は，知名度こそMICA MOTE の方が上であるが，TinyOS を開発しているチームが提供しているハードウェアということで注目されている．

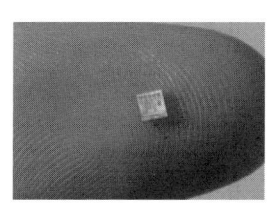

（出典：http://www.terminodes.org/mics/Workshop03/PDP/02-RobSzewczyk.pdf）

図 2.8　ワンチップMOTE

（出典：http://www.moteiv.com）

図 2.9　Telos

2.4　i-Bean

　i-Bean［2.6］はMillenialNet社により提供されているセンサネットワークシステムであり，できるだけ汎用的なプラットフォームを目指そうというMICA MOTEとは若干異なる考え方をもってデザインされたセンサネットプラットフォームである．i-Beanは，「センサネットワークは非常にアプリケーションに特化してデザインされるべき」という考え方のもと，低ビットレートのデータを対象としたアプリケーション（例えば環境モニタリングなど）にターゲットを絞っている．彼らは，そのようなアプリケーションでは，

① 定期的なサンプリング処理（ある一定間隔でのデータの測定）
② 防犯アラームや火災アラームなどのイベントデータの処理
③ 測定データのセンサネットワーク内での処理（たとえば温度の平均値を求める処理など）を含むデータの蓄積と転送

の三つの処理が最もよく使われる処理であると結論付け，そのような処理をサポートできるようにi-Beanを設計している．

　技術的な面でi-Beanに最も特徴的な点は，スター・メッシュ（Star-Mesh）型トポロジーと呼ばれるネットワークトポロジーを採用している点である．i-Beanでは，MICA MOTEのようにすべてのデバイスが同じ役割をもつのではな

く，エンドポイント (Endpoint) ノード，リピータ (Repeater) ノードおよびゲートウェイ (Gateway) ノードの三つのノードがそれぞれの役割を担って動作する (図 2.10). エンドポイントノードはバッテリで駆動され，主としてセンシング処理を行う．エンドポイントノードは，測定したデータをリピータノードへ送信する．リピータノードは，エンドポイントから送信されたデータを遠方のリピータノードやゲートウェイノードに再送信する役割を担っている．ゲートウェイノードは測定データの最終的な出口であり，パソコン等を介してインターネット等

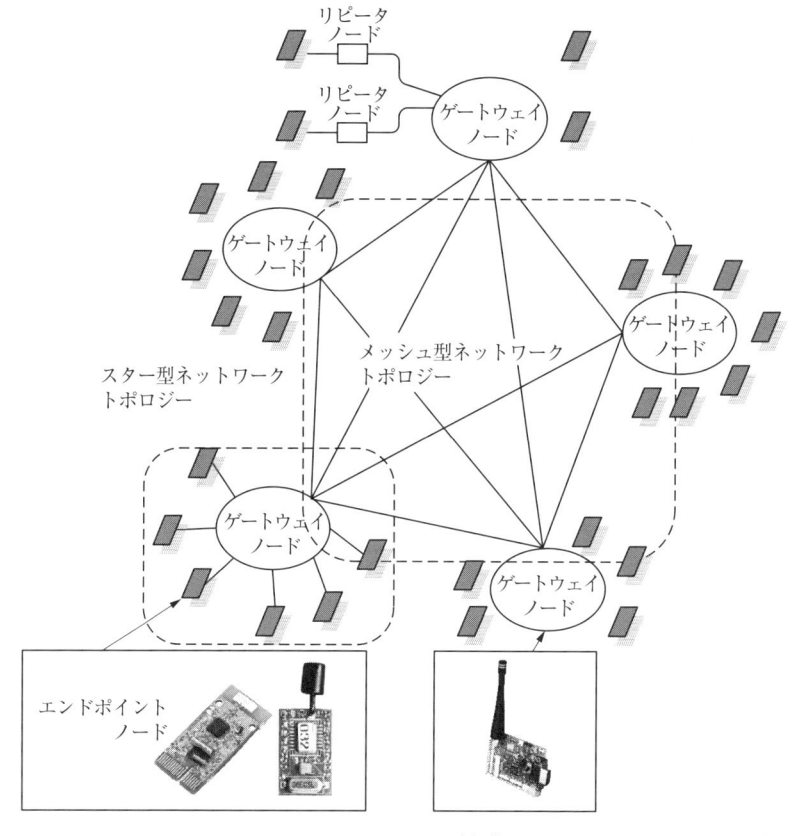

(出典: http://www.millennial.net/)

図 2.10　i-Bean ネットワーク

へデータを送出する．ここでi-Beanでは，リピータノードやゲートウェイノードは電力事情が良い環境（たとえばAC電源などにより電源供給がなされている状況）にあると仮定している．このような前提条件は，たとえば工場やビルなどでセンサネットワークを考える場合には十分妥当な条件であり，そういった観点からも，i-Beanは応用領域をある程度限定して設計されていると考えられる．リピータノードやゲートウェイノードの電源供給が可能であるという前提条件をおくと，センシングを行うエンドポイントノードの消費電力を非常に低く抑えることができる．その理由は，エンドポイントノードはセンシングしたデータを近くのリピータノードへ届ければよいだけなので，測定すべきデータを測定してリピータノードへ届けた後はスリープ状態に入ることができるからである．

　たとえば，エンドポイントノードが1分に1回測定を行うとするならば，測定動作とリピータノードへの通信処理をあわせても1秒もかからないはずであるから，残りの59秒間はスリープ状態となることができる．2.2節でも述べたように，センサネットワークのハードウェアはスリープ状態にあるときにはほとんど電流を消費しないため，コイン型のリチウム電池などでも数年間動作させることができるようになる．これに対してMICA MOTEのようなシステムでは，センサネットワークを構成するそれぞれのノードがセンシング，通信，ルーティングなどを行う必要があるため，消費電流をi-Beanほどに抑えることは難しくなる．つまりi-Beanは，ノードの役割分担を明確にし，MICA MOTEのようにマルチホップ通信を行わずに，リピータノードへのワンホップ通信を行うことで超低消費電力を実現している点がポイントである．その一方で，MICA MOTEであればメッシュ状のネットワークを構成できるため，どのノードが故障してもデータを送り届けるための代替経路が確保できるが，i-Beanではスター・メッシュのトポロジーとならざるを得ない．このため，あるリピータノードが故障すると，場合によってはセンシングしたデータを配送することができなくなり，ネットワークの堅牢性に関してはMICA MOTEよりも若干劣ることになる．

　i-Beanのデザインを見ると，MICA MOTEよりも後発である分だけ工夫を凝らしており，特にアプリケーションを絞ったアプローチは非常に興味深い．

i-Beanが今後どのような展開をするかについてはまだまだ未知数なところも多いが，今後の展開に注目したいところである．

2.5　マイクロノード

センサ等の小型組込機器をPC（パーソナルコンピュータ）により仲介なくインターネットへ直接接続し，特定のアプリケーションが自律的に動作できるようなノードがマイクロノードである．マイクロノードを利用することで，ネットワークの発展にしたがって誰もが目的に応じたセンサネットワークのサービスを実現できるようになる．従来，サービスを提供するためにはPCをサーバとして運用する必要があった．また，従来からも各種の情報を自動的に電気信号に変換し，処理する技術があった．この二つを結び付け，サービスに必要な情報を自動変換する技術と，インターネットを通じてデータを送受信する技術とを融合することが，マイクロノードの特徴である．

マイクロノードの実装例として表2.2に示すように，8ビットのCPUにIPv4/v6のデュアルスタック，UDPおよびTCPプロトコル群を搭載し，さらにアプリケーションとしてJavaをサポートするプラットフォームが開発されている．

インターネットをセンサネットワークとして，マイクロノードのようなセンサノードを接続することの意味は，次のように考えることができる．

表 2.2　HotNodeの実装仕様

CPU	DS80C390/400（8bit）
コードサイズ	Kernel 200KB（OS＋JVM＋Network） IPv4：7KB IPv6：19KB Common：19KB（TCP/UDP/socket） JAVA（Classes＋httpd＋telnetd＋ftpd）：300KB Kernel work area：11KB Kernel buffers（mbuf like）：23KB
パフォーマンス	Data transfer by FTP（on-link） IPv6：28KB/s IPv4：28KB/s

(1) グローバルスタンダード

インターネットは,世界で最も普及しているグローバルなネットワークである.その仕様は,IETF(Internet Engineering Task Force)で標準化が行われている.仕様は公開されており,誰でもがその仕様に基づいたコードを開発,利用することができる.

(2) 情報システムとして連携動作

IPは広く普及しているプロトコルであり,しかも物理層に依存しないため,光や無線等の様々な物理層のインフラ上で運用されている.その上位層であるトランスポート層のTCPやUDPとともに使われている.また,HTTPによるWWWは,インターネット上で最も広く普及したアプリケーションである.

(3) 通信コストの低減

公衆電話回線や専用線で広域に分散配置された各ノードを接続するには,通信接続料が大きな負担となっていた.しかし,インターネットは通信回線を占有することなく他の通信とも共用できるため,非常に安価に通信ネットワークを構築することができる.特に日本は,現在では世界で最もインターネット接続が安価に利用できるようになった [2.7].

インターネット関連技術は革新のスピードが速く,その技術を使う製品やサービスも大量なため,コストダウン効果も大きいことが相乗効果となって,ますます進化している.インターネットにセンサノードを接続することは,センサネットワークに求められるネットワークとしての要件の広域性と常時性を十分に満たすことができる.しかし,現在のプロトコルであるIPv4(Internet Protocol Version 4)では利用できるグローバルアドレスが十分でなく,多数性を満たすことができない.

IPネットワークは,最大規模の自律分散ネットワーク(Internet)としての実績をもつネットワークアーキテクチャであり,その中心を担うIP(Internet Protocol)はエンドツーエンドでアプリケーションを実現するためのプロトコルとして広く普及している.特にIPv6(Internet Protocol Version 6)は,次世代

インターネットプロトコルとして議論,研究,開発され,現在のプロトコル (IPv4) の問題点 (そのひとつがアドレスの枯渇) を解決し,インターネットの将来への発展を保証する技術として期待されている.

IPv6 を活用することで,センサネットワークに求められるネットワークとしての要件のうち IPv4 では問題となる多数性を,広いアドレス空間を提供することで解決することができる.それに加えて,プラグアンドプレイによる便利な運用,IPsec によるセキュリティの確保の実現により,その結果,現在では NAT (Network Address Translation) とプライベートアドレスを使用することで阻害されているインターネットによるエンドツーエンドの通信が実現されて,通信コストの低減,情報システムとして連携動作,技術革新の恩恵というメリットを享受できる.このように,IPv6 を利用することで大量のセンサノードをインターネットに接続することが可能になり,センサネットワークとしてグローバルな展開が可能になる.

マイクロノードのアプリケーションとしては,100 台以上のノードを IPv6 ネットワークに接続してデータを収集する実証デモが,2001 年 6 月の Networld + Interop Tokyo 2001 で行われた.これには,温度測定機能をもつ HotNode (図 2.11) がマイクロノードの実例として使用され,インターネットが電子メールや Web ブラウザにより WWW をアクセスするというバーチャル情報を扱うモデルから,会場内の温度というリアル情報を測定し,インターネットへ発信するというモデルに適用された実証例である.具体的には,会場である幕張メッセに 100 台以上の HotNode を分散設置して,室温データを IPv6 ネットワーク経由でリアルタイムに収集し,それにより得られたデータを処理するシステム (図 2.12) を介して,温度分布画面 (図 2.13) を Web サーバによってインターネット上からもアクセス可能にするデモが行われた.このデモは,IPv6 を利用したセンサネットワークの最初の実証ということができよう [2.8].

将来的なマイクロノードのアプリケーションとしては,次のようなものが計画され,IPv6 ネットワークを用いた実証実験が行われている.

2.5 マイクロノード

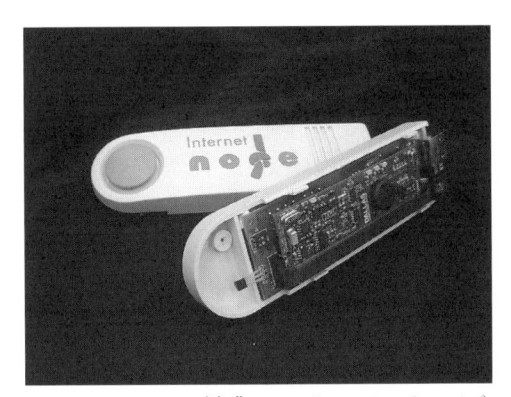

(出典：http://www.i-node.co.jp/)

図 2.11 HotNode写真

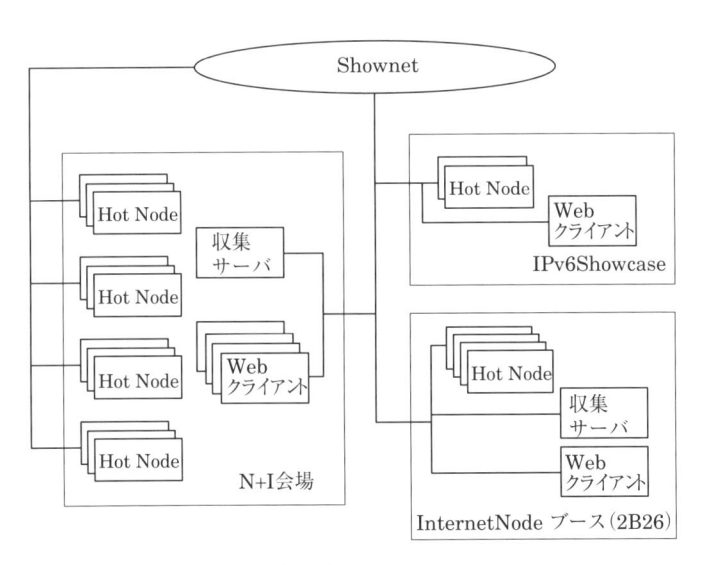

図 2.12 HotNodeによる温度モニタリングシステム

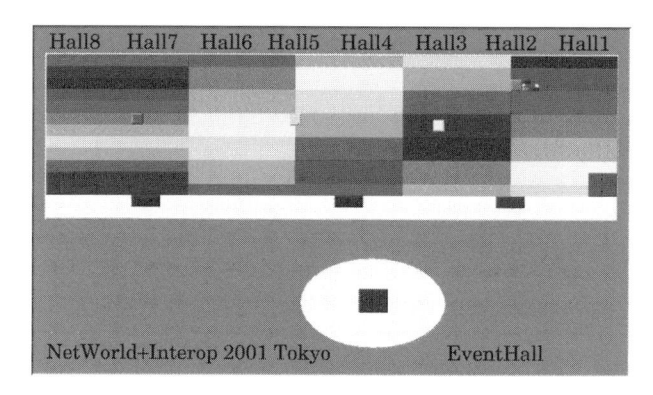

図 2.13　Web 発信した温度分布画面

① 健康管理アプリケーション

神奈川県藤沢市では高齢者の健康管理システムにおいて，心拍，呼吸数等を計測するベッドパッド型センサ，照明の点灯・消灯を検知する照度センサ，これに小型の電子メールを簡単に送受信することができるマイクロノードを実現している．

② 住環境モニタリング

オフィスや住宅等の住環境中の温度，湿度，照度の各センサをマイクロノードで実現し，これらのセンサ情報をインターネット経由でモニタリングすることで，快適でかつ省エネルギーの空調制御が行える[2.9]．

③ 視聴率モニタリング

テレビ放送の視聴率は，ごく限られたモニター家庭の視聴データを調査会社が集計して算出しているが，マイクロノードを応用した赤外線リモコンモニタ装置と専用赤外線リモコンを組み合わせることで，リアルタイムに視聴データをセンタで集計できる．

これらのアプリケーション例のようにマイクロノードを応用したセンサネットワークの発展は，研究開発目的のみならずこれからの社会の課題である，高齢化社会における健康管理，地球環境保護に欠かせない省エネルギーによる CO_2 排出基準の達成，テレビ視聴による社会現象の動向把握など，非常に広範囲にわた

る重要なアプリケーションに適用されるものと考えられる．

2.6　SmartIts

　SmartItsとは，EUの援助によりイギリスのランカスター大学，スイス連邦工科大学 (ETH)，ドイツのカールスーエ大学を中心として展開する研究プロジェクトの総称である [2.10]．SmartItsプロジェクトの目標は，CPUと通信機能を搭載した，小さくて目立たない，しかも安価な組込用小型デバイスの開発である．それらを身の周りのありとあらゆるものに取り付けることで，日常生活をより豊かにしていくことを目的としている．SmartIts自体は開発したデバイスをセンサネットワークとは称していないが，その目標を見ると，アドホックに相互接続されたセンサデバイス用のミドルウェアの開発や，それを用いたアプリケーションの開発などが中心となっており，センサネットワーク色の強い研究プロジェクトである．

　SmartItsではMICA MOTEと同様に，SmartItsデバイス（図2.14）と開発ツールをオープンにして開発を進めている．これらのデバイスはカールスーエ大学とスイス連邦工科大学が中心となって開発しており，カールスーエ大学はPICマイコンとRFM社の微弱無線モジュールを用いたデバイス，スイス連邦工科大学はAVRマイコンとBluetoothを用いたモジュールなどを開発している．特にカールスーエ大学が開発したデバイスはMICA MOTEなどと比べると非常に小さく，デバイスの不可視性を重要視するいわゆるユビキタスコンピューティング向けのデバイスとなっている．

　SmartItsのデバイスがそのようなデザインになっている理由は，SmartItsの研究プロジェクトではセンサネットワークシステムとそれを用いたアプリケーションを実環境で動かすことで様々な課題を明らかにしようという立場をとっているためであると考えられる．実際，彼らはイス，コップ，ペンなど，身の周りの様々なものにSmartItsデバイスを取り付けて実験を行っており，SmartItsから得られる様々な実空間の情報を用いてユーザの置かれた状況に応じたサービスを

(出典: http://particle.teco.edu/)
図 2.14 Smartltsデバイス

提供する，いわゆる状況適応型サービス（Context - aware Service）を中心に研究を進めている．このような研究の進め方を見てもわかるように，MICA MOTEが純粋にセンサネットワークの通信プロトコルやオペレーティングシステムの研究を進めているのに対し，SmartIts の研究は非常にアプリケーション色を強く出した研究の進め方を行っている．

2.7　SensorWeb

SensorWebは，アメリカNASAのジェット推進研究所（JPL: Jet Propulsion Laboratory）で行われているセンサネットワークの研究プロジェクトである[2.11]．SensorWebは宇宙，海中，森林，砂漠など，人間が容易に行くことができない過酷な環境において，その環境の時空間的変化を計測するためのセンサネットワークに関する基礎技術開発を目的としている．SensorWebでは，MICA MOTEやSmartItsのようにネットワークそのもの，あるいはセンサネットワークのアプリケーションに焦点をあてているのではなく，センサネットワークを用いて分散型の計測システムをどのように構築するかということに主眼がおかれている．SensorWebのプロジェクトでは，図2.15に示すようなMicro Podと呼ばれる小型のデバイスと，Botanical Podと呼ばれる弁当箱大のデバイスを開発し

(a) Micro Pod　　　　(b) Botanical Pod
(出典: http://sensorwebs.jpl.nasa.gov/)
図 2.15　Sensor Web Pods

ているが，現在のところは開発したハードウェアを用いて環境の変化を計測する実験を主に行っているようであり，どちらかといえば，各種の実験結果からボトムアップ的に分散型の計測システムを構築する上での技術課題を模索しているようである．

2.8　Pushpin Computing

　Pushpin Computingはマサチューセッツ工科大学メディアラボの研究プロジェクトで，汎用の高密度センサネットワークの実験プラットフォームを構築することを目的に進められている［2.12］．高密度センサネットワークはスマートダストのイメージに近い概念で，無数のセンサネットワークデバイスが高密度に存在している状況のことを指している．

　もともと彼らのプロジェクトは，Paintable Computingという研究プロジェクトに端を発している．Paintable Computingとは，通信機能を備えた無数の微小なコンピュータチップをあたかもペンキのようにいろいろなところに塗りつけられるようにし，その塗りつけられた無数のコンピュータ群によって様々な処理を行えるような新たな分散コンピューティングのパラダイムを構築することを目指した研究である．しかし，現時点ではそのようなコンピュータをすぐに作ることはできないため，Pushpin Computingのプロジェクトでは現在入手できる

部品でできるだけ小さなPushpinデバイスを作り，そのデバイスを壁などの平面に自在に配置できるようにして，Paintable Computingの概念に近いシステムを作っている．

　Pushpin Computingで特徴的なのは，Pushpinデバイスに取り付けられた長さの異なる2本のピンを使って，壁などの面から電源供給ができるような仕組みを導入している点である．電源供給の原理は非常に簡単で，壁側にはポリウレタン（絶縁体）とアルミ箔（導体）を層状に重ねたものを用意し，アルミ箔に直流電源を接続する．このとき，長さの違う2本のピンをこの壁に刺すと，片側のピンは電源に，もう片側のピンにはグランドが接続され，これによりデバイスに電源が供給される（図2.16）．ピンは先頭部分だけが電流を通すようになっているため，壁側の電源とグランドがショートすることはない．電源供給ができるようになってしまえば，電池の消耗を気にすることなく，高速な通信モジュールや高速

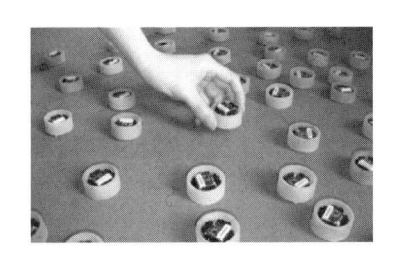

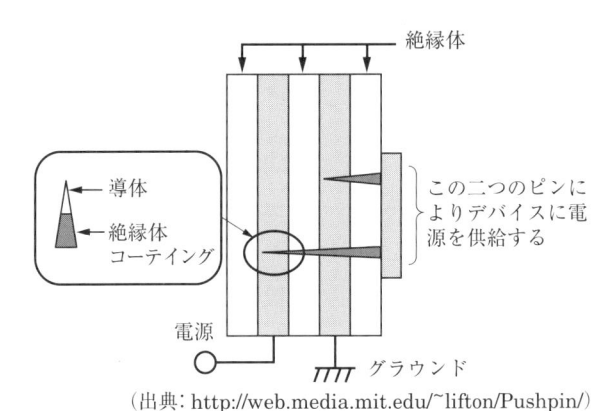

（出典：http://web.media.mit.edu/~lifton/Pushpin/）

図 2.16　Pushpin

なプロセッサを利用することができるようになる．

　Pushpin Computingでは，18mm×18mmの小さなボード上に25MIPSの性能を持つプロセッサを搭載し，このボード上に必要な通信機能，センサ／アクチュエータなどを積み重ねていくことで，色々な機能を持つPushpinデバイスを作れるようになっている．　なお，PushpinデバイスにはBerthaと呼ばれる独自のオペレーティングシステムが搭載されており，Paintable Computingのプロジェクトで開発されたプログラミングモデルをサポートできるようになっているが，詳細については本章の範疇を超えるためここでは割愛させていただく．興味ある読者は関連する論文を参照されたい．

2.9　　U-Cube

　U-Cubeは，東京大学の研究チームが中心となって作成したセンサネットワークプラットフォームである．センサネットワークの研究開発に用いることを主な目的としている．このような目的を達成するために，U-Cubeはハードウェア的にもソフトウェア的にも様々な実験に柔軟に対応できるように設計されている[2.13]．

　U-Cubeのハードウェア的な特徴は，モジュール化されたハードウェア機能を様々に組み合わせられる点と，アプリケーション用と通信用にそれぞれ独立したプロセッサを使用している点である．まず，必要なハードウェア機能を必要なときに拡張できるように，電源機能，無線通信機能，アプリケーションCPU機能およびセンサ機能の四つの機能がそれぞれ独立のボードに実装されている（図2.17）．たとえば，太陽電池を用いてU-Cubeを駆動したければ太陽電池駆動に対応した電源ボードに交換することができるし，ZigBeeなどの新しい無線モジュールを使用したければ通信部を新しいボードに交換することが可能となっている．現在のU-Cubeの実装では，50mm×50mm×50mmのアクリルの立方体内に前述の4枚の機能ボードを組み込んであり，それぞれはバスコネクタで組み合わされている．電源ボードは，単4型のニッケル水素充電池3本からU-Cube内

共有バスコネクタ

システムボード　通信ボード　デバイスボード　電源ボード

U-Cube　　　　USBインタフェース

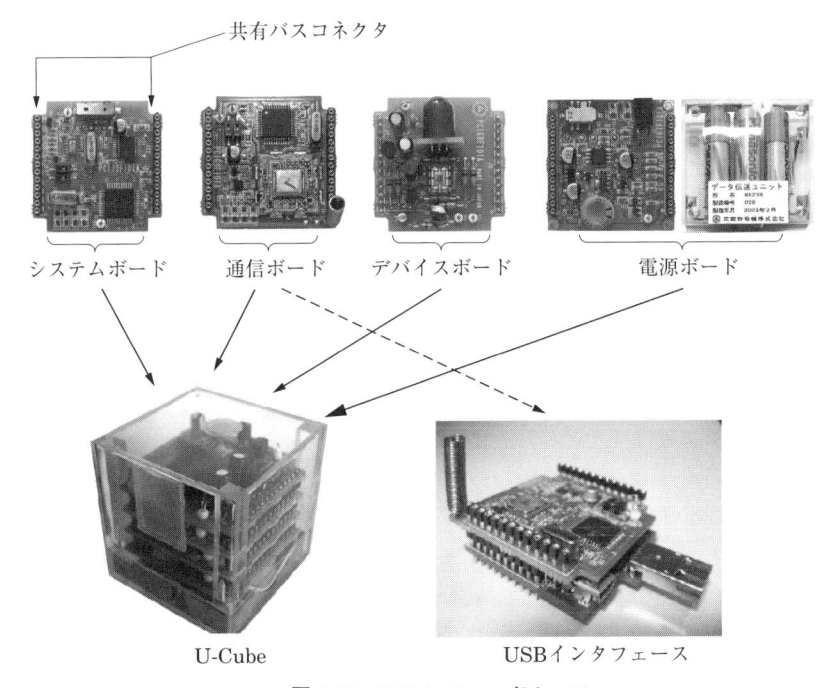

図 2.17　U-Cubeのハードウェア

に電源を供給する．アプリケーション CPU ボードと無線通信ボードには，それぞれ PIC（PIC18F452）が一つずつ搭載されている．U‐Cube のメインの通信は無線通信ボードに搭載されている 315MHz 帯の RFM 社製微弱無線モジュール TR3001 であり，この無線モジュールを介しておよそ 100kbps の通信を実現している．CPU ボードには PC や PDA などと容易に通信ができるように，IrDA による赤外線通信機能も具備されている．センサボードには照度センサ，温度センサ，および人の動きを検知するモーションセンサを搭載している．

　2.2 節で紹介したように，センサネットワーク用のプロセッサや無線モジュールは，多くの会社から新製品が投入される傾向にある．また，一般にハードウェアをゼロから開発するためには数百万〜数千万円というコストがかかる．このような理由から，U‐Cube はセンサネットワークの主要な機能ごとにモジュール

2.9 U-Cube

化を行い，ハードウェア的な変更をしなければならなくなったときにできるだけ少ないコストで変更ができるようにしている．

U-Cubeのもう一つのハードウェア的な特徴は，アプリケーション用プログラムと無線通信用プログラムを独立に実行できるようにするために，アプリケーション用と無線通信用に独立のプロセッサを搭載している点である．MICA MOTEなどの多くのセンサネットワークシステムでは，一つのプロセッサで通信，センシング，あるいは簡単な信号処理などを行っている．もちろんハードウェア開発コストを考えた場合には，単一のプロセッサで間に合わせる方が好ましい．しかしながら，研究開発用としてセンサネットワークシステムを考える場合，様々なMACプロトコルやルーティングプロトコルの実装実験を行える必要がある．特にMACプロトコルなどはハードウェアに近い部分での処理となり，誤り訂正符号化などを含めた処理を高速かつリアルタイムで実行しなければならない．このような処理を単一のプロセッサで行おうとすると，どうしても技巧的な実装を行わざるを得なくなるし，プログラムを書く際にもコードの見通しをよくすることが難しくなる．このような問題意識から，U-Cubeでは無線通信専用にプロセッサを別途用意し，通信の処理とアプリケーションの処理を独立に行えるようなハードウェア設計になっている．なお，現在の実装では，プロセッサ間の通信にはI^2Cと呼ばれるプリント基板内通信用の通信規格を用いている．

一方，ソフトウェア上の観点からも，U-Cubeは研究開発用のシステムとしてのデザインが取り入れられている．U-Cubeでは，ちょうどMICA MOTEのTinyOSに対応するようなPAVENETと呼ばれる独自のソフトウェアプラットフォームが用意されている(図2.18)．TinyOSではその開発自体に研究的な要素が多分に含まれているが，PAVENETはTinyOSとは異なり，研究開発用センサネットワークシステムを支援するためにソースコードの可読性と再利用性に重点を置いて設計されている．これは，研究開発用のデバイスでは様々な新しい機能を試行錯誤しながら実装したり実験することが多いため，新しいソフトウェア的な機能の組込みを容易にできるようにする必要があるという理由による．

PAVENETは無線センサネットワーク用のアプリケーションプログラム，

```
        通信ボード              システムボード
┌─────────────────────┬─────────────────────────┐
│   通信ソフトウェア    │   システムソフトウェア    │
│  ┌───────────────┐  │  ┌───────────────────┐ │
│  │               │  │  │  アプリケーション   │ │
│  │ 低レベル通信   │  │  ├───────────────────┤ │
│  │ ライブラリ    │  │  │ ユーティリティデーモン │ │
│  │               │  │  ├──────────┬────────┤ │
│  └───────────────┘  │  │ 高レベル │I/Oデバイス│ │
│  ┌───────────────┐  │  │通信ライブラリ│ライブラリ│ │
│  │ユーティリティデーモン│  │          │        │ │
├──┴───────────────┴──┴──┴──────────┴────────┤
│             共有ライブラリ                    │
├──────────────────────────────────────────────┤
│            タスクスケジューラ                  │
├────────────┬──────┬──────┬──────────────────┤
│無線モジュール│ I²C  │ I²C  │I/Oデバイス センサ等│
└────────────┴──┬───┴──┬───┴──────────────────┘
                └─I²Cバス通信─┘
```

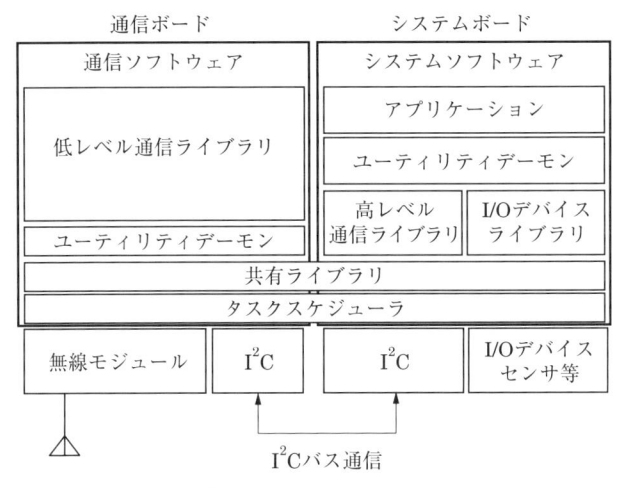

図 2.18　U-CubeのSoftware

MACプロトコル，あるいはルーティングプロトコルなどの開発をサポートするU-Cube SDKと，PCやPDA上から無線センサネットワークの管理やその他のアプリケーションを開発するためのツール群であるベースノードソフトウェアから構成されている．

　U-Cube SDKは，前述のアプリケーションCPUボードと無線通信ボード上に搭載されている独立した二つのプロセッサ上で動作するソフトウェアの開発環境である．アプリケーションCPUボード側で動作するソフトウェアは，U-Cubeの各機能を制御する際に中心的な役割を果たすソフトウェアであり，いわばU-Cubeのオペレーティングシステムに対応するものである．具体的には，センサ類やIrDAなどへアクセスするためのデバイスドライバ群，IrDAを介したPCとの通信機能，無線センサネットワーク上でのルーティングの制御など，多くの処理を担っている．また，このソフトウェアはマルチスレッディングアーキテクチャによるアプリケーションの制御を採用しており，様々な処理を並列に行うことが可能になっている．

　一方，無線通信ボード上で動作するソフトウェアは，主に無線通信における物理層，データリンク層の処理を担当している．現在のところU-Cube SDKでは，

CSMAとTDMAの最もベーシックなMACプロトコルが用意されているのみであるが，U-Cubeでは各機能をモジュール化して実装しているため，開発者はアプリケーションに応じて独自のMACプロトコルを簡単に導入できるようになっている．

PCやPDAで動作するベースノードソフトウェアは，無線センサネットワークをPCなどから利用するためのソフトウェア群で構成され，現在のところシリアルポートやIrDAを介してU-Cubeの諸機能を利用できるコマンドラインユーティリティ，インターネットとU-Cubeのネットワークを相互接続するためのゲートウェイ，コマンドラインを介さずに開発者自身のソフトウェアに組み込んでU-Cubeの諸機能を利用するためのベースノードライブラリが用意されている．

U-Cube SDKおよびベースノードソフトウェアは，無線通信でリアルタイム処理を行う必要のある一部だけはアセンブラでの記述が必要となるが，その他のすべての部分はソースコードの可読性や再利用性をサポートするために，すべてC言語（ANSI C）で記述されている．

2.10　実用上の重要な技術課題

これまでの各節では，様々なセンサネットワークプラットフォームの事例を見てきた．しかしながら，本書の執筆時点で最も完成度が高いとされるMICA MOTEでさえ，本格的なアプリケーションを考えた場合には克服すべき技術課題が数多くある．本節では，そのような技術課題の中でも特に重要な電源の問題と位置決めの問題について，研究動向も含めて紹介する．

2.10.1　電源問題

鋭い読者の方々の中にはこれまで紹介した各種事例から，センサネットワーク（特に無線センサネットワーク）のデザインを支配している最も重要な要素が電源の問題であることに気付いている方がいるかもしれない．実際のところ，セン

サネットワークにおける様々な技術課題のほとんどすべてが電源の問題に起因すると言っても過言ではない．センサネットワークにおいては通信資源や計算資源が乏しいということは2.2節で述べたが，これは根本的には電源の問題が関わっている．仮に電源を気にする必要がなければ，センサネットワークの各デバイスには強力な通信機能と強力なプロセッサを搭載することができるだろうし，そうなればTinyOSのような制約の多いオペレーティングシステムをわざわざ使う必要もなくなるであろう．それほどセンサネットワークにおける電源の問題は重要なのである．これに対して，燃料電池などの次世代バッテリの技術が実用化に向けて動き出していること考えれば，現在のセンサネットワークの主流である低消費電力化の研究は意味がないと唱えるセンサネットワークの研究者もいる．しかしながら，この考え方は部分的には正しいものの，次世代バッテリ技術がセンサネットワークの電源問題を根本的に解決するものではない．

　基本的にセンサネットワークは，数多くのセンサを分散配置して物理空間の情報を収集するシステムであるが，分散配置する個数が多くなればなるほど，つまりセンサネットワークの規模が大きくなればなるほど電源の問題は深刻なものとなってくる．たとえば，森林環境の変化を計測する自然科学分野向けの大規模なセンサネットワークシステムを考えてみよう．このとき，バッテリを搭載したセンサネットワーク用デバイスを万単位で森林に配置することになろう．仮に経年劣化が少なく，エネルギー密度の高い超高性能バッテリを使用して20年間そのセンサネットワークが動き続けられたとしても，いずれバッテリは消耗する．そのとき，森に配置された万単位のセンサネットワーク用デバイスのバッテリを交換することが果たして可能であろうか．また，そのセンサネットワークが使い捨てであったとしても，バッテリが消耗してしまったデバイスはただのゴミとなる．近い将来にゴミとなるとわかっているものを森林のような自然環境に配置することは，環境問題を考慮した場合に果たして認められるであろうか．

　一方，屋内で使用するセンサネットワークにおいても電源の問題は重要となる．屋内のセンサネットワークであっても，その配線コストやメンテナンスを考えると無線センサネットワークの方が好ましい場合が多い．このような場合にも森林

2.10 実用上の重要な技術課題

の例と同様に，センサネットワークにどのように電源を供給するかという問題が浮上する．

このように考えると，センサネットワークの電源の問題は単純にバッテリを高性能化させる，あるいは低消費電力技術を導入すればよいという問題ではない．これまで，センサネットワークの研究開発における電源の問題は，主として省電力プロトコルの開発として扱われてきた（詳細については第3章を参照されたい）．しかしながら近年では，それに加えて「いかにしてセンサネットワークに電源を供給するか」といった研究や，光，熱，風力あるいは振動などのエネルギーを使って自己発電することで，バッテリを使わずに動作するセンサネットワークの研究なども行われつつある．

たとえば，前節で紹介したPushpin Computingやイギリスのランカスター大学のPin and Playのプロジェクト（図2.19，図2.20，図2.21）[2.13]などでは，主に屋内のアプリケーションを対象として，壁面に電源供給や通信の能力を持たせることで電源の問題にアプローチしている．また，ケンブリッジ大学のチームは

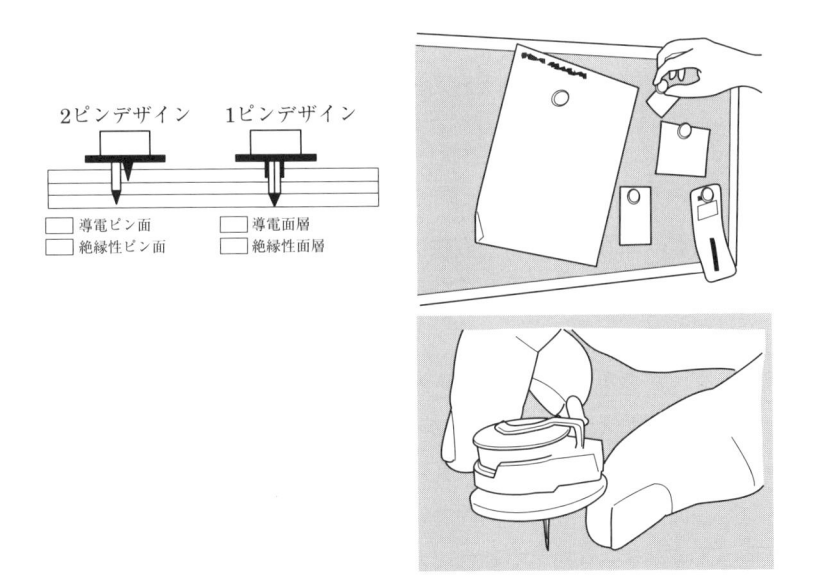

図 2.19　Pin and Play

図 2.20　Networked Surface

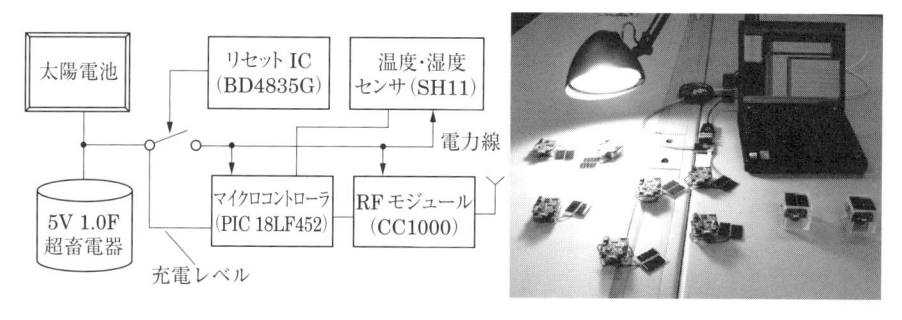

図 2.21　Solar Biscuit

　Networked Surface と呼ばれる面状のデバイスを開発し，面の上に置かれたノートパソコンや小型のデバイスなどに電源供給と通信の機能を提供するとともに，置かれた物の位置や向きなども検出できるような研究を行っている [2.14].

　一方，センサネットワーク自体に発電機能を持たせるような研究としては，東京大学で開発している環境モニタリング用のバッテリレス無線センサネットワークシステムなどがある [2.15]．このシステムでは電源に太陽電池を用い，得られたエネルギーを電気二重層コンデンサに蓄積し，エネルギーの供給量と消費量のバランスを取りながらセンサネットワークを動作させるメカニズムなどについて研究が行われている．また，国内のいくつかの企業でも，太陽電池や振動などで発電したエネルギーを用いて動作するセンサネットワークデバイスの研究開発を行っている．

2.10.2　ローカライゼーション技術

　大規模な工場内に無数の温度センサ付きセンサネットワーク用デバイスを配置して，工場の温度監視用センサネットワークシステムを構築するようなアプリケーションを考えよう．このとき，それぞれのセンサからは温度のデータが発生し，そのデータはネットワークを介して「いつでも・どこからでも」見られるようになるであろう．センサをネットワーク化する利点はまさにここにあり，センサネットワークを用いることで，いつでも・どこからでも温度や湿度といったような物理情報にアクセスできるようになる．極端なことを言えば，地球の裏側にある工場の温度でさえ，インターネットを介してその工場のセンサネットワークにアクセスすればそれを知ることができるのである．このことは，インターネットを利用して世界中のWebページから様々な情報が得られるのと同様に，センサネットワークによって温度や湿度といった物理情報にもアクセスできるようになることを意味している．

　しかし，センサネットワークがWWWのようなシステムと決定的に異なるのは，センサネットワークから得られる情報は我々の住んでいる世界，すなわち実空間（あるいは物理空間）と非常に密接な関係がある点である．

　Webページに話を戻せば，普段我々がWebページを閲覧するとき，Webページの本体であるHTMLファイルがどの国のどのWebサーバに置かれているかということはほとんど意識していないはずである．このように地理的な制限を受けることなく情報を得られることが，インターネットとWebテクノロジーによる仮想的な情報空間の最大の利点である．

　しかしセンサネットワークでは，情報の発生源となるセンサは必ず実空間に配置される．このとき,センサが「どこの情報を計測しているのか」という情報が必須となる．先の温度監視用センサネットワークを例に挙げれば，「工場のどこの温度がどうなっているのか」あるいは「工場内のどこで温度異常が発生したか」ということが重要であり，単に「工場内で温度異常が発生した」という情報だけであると，大規模な工場の場合には情報としてほとんど意味をなさないということになる．つまりセンサネットワークでは，単に温度や湿度といった情報だけでな

く，地理的にそのセンサがどこにあるのかを表す位置情報が必要となる．

　センサネットワークを構成する各デバイスに位置情報を提供する手段としてまず思いつくのは，GPS（Global Positioning System）の利用であろう．携帯電話などに搭載されているGPS受信モジュールを利用すれば，10m程度の測位は非常に簡単に行える．また，GPSの搬送波の位相を使ったリアルタイムキネマティック測位などの測位技術を利用すれば，数十cm程度の精度でリアルタイム測位を行うことも可能である．しかしながら前にも述べたように，センサネットワークはコストや電源事情の問題から，すべてのセンサネットワーク用デバイスにGPS受信モジュールを搭載することは現実的ではない．加えて，GPSの利用可能な場所は主として屋外に限られるし，都市部など電波伝搬環境が悪い場所では常に期待した精度で測位が行えるとも限らない．また，10mで測位可能であるとはいえ，この測位精度がすべてのアプリケーションにとって十分なものであるとも考えにくい（たとえば化学プラントの複雑に入り組んだ屋外配管を監視するセンサネットワークシステムを考えた場合，10mの測位精度ではおそらく不十分であろう）．このため，センサネットワークの各デバイスにどのようにして位置情報を与えたらよいかという問題は，ローカライゼーション（Localization）の問題としてセンサネットワークの研究分野で重要な技術課題となっている．

　センサネットワークにおけるローカライゼーションの手法は，主としてレンジベース（Range-based）の手法とレンジフリー（Range-free）の手法の2種類に分類される．レンジフリーの手法についてはネットワーク的な観点からのアイデアが主となるため，詳細については第3章に譲るとし，ここではレンジベースの手法を中心に紹介する．

　レンジベースの手法とは，その名の通りセンサネットワークを構成する各デバイス間の距離レンジを何らかの手法で測定し，距離に基づいてデバイスの位置を決定していく手法である．測位精度的な側面から考えると，レンジベースの手法はレンジフリーの手法に比べて高い精度を実現できるという特徴がある．レンジベースの手法には，距離測定に用いる信号（電波や音波など）の時間的なパラメータを利用するTOA（Time of Arrival）やTDOA（Time Difference of Arrival）の

手法と，信号の受信強度に基づく手法とがある．一般的には，距離測定に用いる信号の受信強度は周辺の環境によって大きく変動するため，時間を用いる手法の方が高精度に距離を測定できる（すなわち高精度に位置が求められる）．

デバイス間の距離からあるデバイスの位置を決定する手法は，基本的にはGPSの測位原理と同一の原理に基づいており，おおよそ以下のような理論によって位置を決定する．

図2.22に示す様に，基準となるデバイスA～Cの位置 $(x_A, y_A, z_A), (x_B, y_B, z_B)$，$(x_C, y_C, z_C)$ を何らかの手法，たとえば人間が測定したり，測量用の高精度GPS測位技術などを用いたりすることで正確に決定できているとする（デバイスA～Cをここでは基準局と呼ぶことにしよう）．このとき，測位対象デバイスDの座標を決定する問題を考える．レンジベースの手法では，デバイス間の距離を測定する手段が存在するので，デバイスDから各基準局A～Cまでの距離 d_{DA}, d_{DB}, d_{DC} を測定することができる．このとき，デバイスDの座標を (x_D, y_D, z_D) とすれば，未知数が x_D, y_D, z_D であるような3本の非線形連立方程式

$$\begin{cases} \sqrt{(x_A - x_D)^2 + (y_A - y_D)^2 + (z_A - z_D)^2} = d_{DA} \\ \sqrt{(x_B - x_D)^2 + (y_B - y_D)^2 + (z_B - z_D)^2} = d_{DB} \\ \sqrt{(x_C - x_D)^2 + (y_C - y_D)^2 + (z_C - z_D)^2} = d_{DC} \end{cases}$$

を，連立ニュートン法や最小二乗法などの数値計算法のテクニックを用いて解くことにより，デバイスDの3次元座標 (x_D, y_D, z_D) を求めることができる（図2.22）．

これまでに，このような測位原理に基づいて位置決定を行うシステムがいくつか研究されている．その中で代表的なものが，ケンブリッジ大学のチームが開発したActive Bat [2.16] と，マサチューセッツ工科大学 (MIT) のチームが開発したCricket [2.17] である．Active BatおよびCricketは，超音波を用いてデバイス間の距離を測定し，位置の決定を行う．GPSが電波による距離測定を行っているにもかかわらず，これらのシステムが超音波を使用している理由は，これらの研究が目標としている測位精度がGPSのそれとは桁が違うためである．

図 2.22　3次元測位

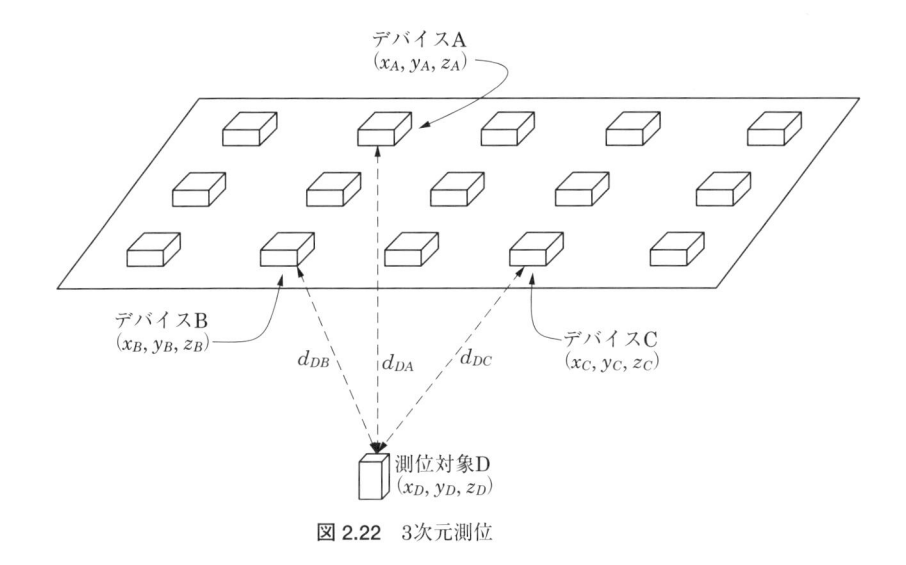

GPSでは高度2万km上空の衛星から送信された電波の遅れを計測して，約10mの測位精度を実現している．GPS受信機が衛星までの距離を求める場合，GPS受信機内部では1マイクロ秒（100万分の1秒）の100分の1程度，距離に直せば3m程度の精度で信号処理を行っている（電波の伝搬速度を毎秒30万kmとして計算）．このため，いくら努力しても10m程度の測位誤差は生じてしまう．

これに対してActive BatやCricket（図2.23）は，主に屋内での人や物の位置を決定するために研究されており，この場合，求められる測位精度は数cm～十数cm程度になる．仮に電波を使ってこの精度を実現しようとすると，サブナノ秒（100億分の1秒）以下の時間差を計測できる仕組みが必要となる．しかしながら，そのような高精度の時間差を測定する系を実現することは難しく，電波を使ってcmオーダーの測位を行うことは容易ではない．そこでActiveBatやCricketでは，毎秒約300mの伝搬速度を持つ「遅い」音波を使うことで，時間精度に対する要求要件を低くして高精度測位を実現しているのである（超音波を使えば非常に簡単な回路で1cm程度の測距精度を実現できる）．

Active Batは，超音波パルスを送出するActive Batタグと天井に多数配置さ

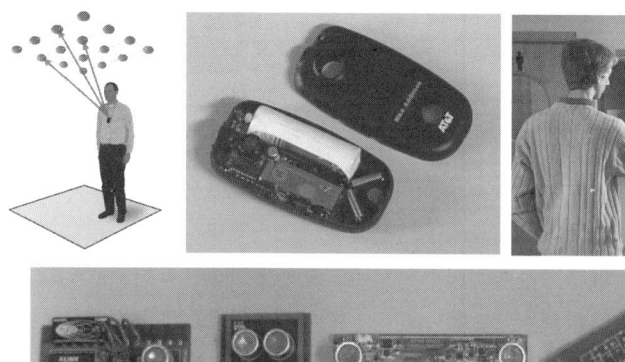

2.10 実用上の重要な技術課題　　87

(出典: http://www.uk.research.att.com/spirit, http://nms.lcs.mit.edu/cricket/)
図 2.23　Active Bat と Cricket

れる超音波受信器を用いて測位を行う．天井側に配置される超音波受信器の位置は，あらかじめ正確に測定されている．ActiveBatでは，音波と電波の伝搬スピードが桁違いに大きいことを利用して，まず電波でタグと超音波受信機の時計を合わせる．それと同時にタグは超音波を送信し，受信機はタイマーをスタートさせる．タグから送信された超音波を受信した各受信機はタイマーを止め，この結果，タグが超音波を送信してからその受信機に超音波が到達するまでにどのくらいの時間を要したかを知ることができる．その後，この時間に超音波の伝搬速度を乗じればタグと受信機間の距離を知ることができるので，先の連立方程式を解いてタグの位置が計算できる．また，詳細は省略するが，Active Batシステムではタグの位置だけでなく，タグがどの方向を向いているかを表す方向情報も提供することができる．

　ActiveBatではタグ自身が超音波を送信し，天井に取り付けられた各受信器がこれを受信する．さらに，受信した結果から得られる距離の情報は中央のサーバ

に集められ，そのサーバで位置の計算が行われる．このような形態はオフィスなどの環境では現実的であるが，センサネットワークのような分散システムには必ずしも適した形態ではない．そこでCricketでは，GPSのように各デバイスが自分自身で位置を計算できるような形態を採用している．CricketはActiveBatとは逆に，天井などに超音波を送出する基準デバイスを多数取り付け，これらが自律分散的に超音波パルスを送出する．位置を知りたい人や物にはこの超音波を受信できる受信器を取り付け，天井の基準デバイスから送信される超音波を受信して距離を測定する．受信機が十分な数のデバイスからの距離を測定できれば，受信機自身が先の連立方程式を解いて位置を求めることができる．

　これら二つのシステムは，屋内という環境であればいずれも数cm～数十cm程度の高精度な測位を実現でき，測位システムとしての完成度も高い．実際，MICA MOTEでは，センサのローカライゼーション機能を実現するために，Cricketを搭載したMICAcの販売が検討されている．しかしながら，これら二つのシステムを現実的な環境に適用することを考えた場合，まだ多くの解決すべき問題が残されている．本質的にActive BatやCricketといったようなシステムでは，位置の基準となるべきデバイス（Active Batでは天井に配置される超音波受信機，Cricketでは天井に配置される超音波送信器）の位置をあらかじめ正確に測定し，その値をデバイスに登録する必要がある．特に，超音波はその伝搬距離が数m程度と短いため，屋内のあらゆるエリアをカバーするためには1m間隔程度で基準デバイスを配置する必要がある．このようなシステムを，たとえば10m四方の部屋に設置することを考えると，単純計算で100個の基準デバイスを手動設定する必要があろう．より大規模な空間，たとえば大規模な工場などへの適用を考えると，設定すべきデバイスは膨大な数にのぼり，それぞれのデバイスを手動で設定することは現実的とは言えない．

　また一般に，超音波はその送受信を安定して行うのが非常に難しいという問題もある．たとえば，人間が手を叩いたり物と物とがぶつかったりするだけで，かなりのレベルの超音波が発生する．超音波を使った測位システムにとってそのような超音波は雑音であり，測位精度に深刻な影響を与える可能性がある．また，

超音波は指向性が強く，反射や回折が頻繁に起こるため，障害物などが多く存在する場所では期待した測位精度が十分に出せないという問題もある．

　このような問題に対して，いくつかのアプローチも示されている．たとえば，カリフォルニア大学ロサンゼルス校の研究者らによって提案されている反復処理（Iterative Multilateration）と呼ばれる測位手法［2.18］では，できるだけ少数の基準となるデバイスを用いて，多くのデバイスの位置を決定する手法が提案されている．この手法では，三ないしは四つの位置基準となるセンサを用い，それらの近傍に存在するデバイスの位置を決定する．その後，新たに位置が決定されたデバイスが新たな基準となっていくことで，最終的にすべてのデバイスの位置を再帰的に決定する．また，このアイデアをできるだけ実用的な観点から実装・評価した研究［2.19］や，超音波の送受信を安定させるために超広帯域の超音波送受信機を用いた研究［2.20］などもある．このような努力にもかかわらず，超音波を用いた測位システムはまだまだ研究の領域を出ておらず，センサネットワークのローカライゼーションの問題を根本的に解決するには至っていない．

　本節では測位精度の観点から，主として超音波を用いたレンジベースの手法について紹介してきたが，このほかにも信号の到来角を用いて測位を行うAOA（Angle of Arrival）の手法，電波の受信強度から距離を推定して測位する研究，画像処理によって位置を求める手法など，多くの測位手法が研究されている．しかしながら，それぞれの研究もやはり研究のレベルを脱しておらず，センサネットワークのあらゆるアプリケーションに適用可能な決定打といえる手法はまだ無いのが現状である．

　位置情報はセンサネットワークのアプリケーションにとって必須の情報であるため，センサネットワークのための実用的なローカライゼーション技術の研究開発に期待したい．

参考文献

[2.1] J.M.Kahn, R.H.Katz and K.S.J.Pister, "Mobile Networking for Smart Dust", Proceedings of the 4th International Conference on Mobile Computing and Networking (MobiCom99), 1999

[2.2] J.Hill, R.Szewcyzk, A.Woo, S.Hollar, D.Culler, K.S.J.Pister, "System Architecture Directions for Networked Sensors", Proceedings of the Ninth International Conference on Architectual Support for Programming Languages and Operating Systems, 2000

[2.3] D.Gay, P.Levis, R.Behren, M.Welsh, E.Brewer and D.Culler, "The nesC Language: A Holistic Approach to Network Embedded Systems", Proceedings of the International Conference on Programming Language Design and Implementation 2003 (PLDI 2003), 2003

[2.4] S.Madden, M.Franklin, J.Hellerstein and W.Hong, "The Design of an Acquisitional Query Processor for Sensor Networks", Proceedings of the International Conference on Management of Data (SIGMOD2003), 2003

[2.5] C.Karlof, N.Sastry and D.Wagner, "TinySec: A Link Layer Security Architecture for Wireless Sensor Networks", Proceedings of the Second ACM Conference on Embedded Networked Sensor Systems (SenSys 2004), 2004

[2.6] Millennial Net 社, http://www.millennial.net/

[2.7] 総務省「平成15年度情報通信白書」2003

[2.8] 星哲夫, 米澤正明「IPv6機能をもつマイクロノードの開発」横河技報, Vol45, No.4, 2001

[2.9] 佐藤博一, 岡部宣夫「IPv6通信環境下における居住環境モニタリング」電気設備学会全国大会, 2003

[2.10] SmartIts プロジェクト, http://www.smart-its.org/

[2.11] Sensor Webs プロジェクト, http://sensorwebs.jpl.nasa.gov/

[2.12] J.Lifton, D.Seetharam, M.Broxton, J.Paradiso, "Pushpin Computing System Overview : a Platform for Distributed, Embedded, Ubiquitous Sensor Networks", Proceedings of the First International Conference on Pervasive Computing (Pervasive 2002), 2002

[2.13] S.Saruwatari, T.Kashima, Y.Kawahara, M.Minami, H.Morikawa, T.Aoyama, "PAVENET : A Hardware and Software Framework for Wireless Sensor Networks",

Proceedings of the 1st International Workshop on Networked Sensing Systems (INSS 2004), 2004

[2.14] K.Laerhoven, N.Villar, A.Schmidt, H.Gellersen, M.Kansson and L.Holmquist, "Pin&Play : The Surface as Network Medium", IEEE Communications Magazine, Vol.41, No.4, pp.90-96, 2003

[2.15] 森戸貴, 南正輝, 鹿島拓也, 猿渡俊介, 森川博之, 青山友紀「バッテリレス無線センサネットワークの設計と実装」電子情報通信学会技術研究報告, MoMuC2004-77, 2004

[2.16] M.Addlesee, R.Curwen, S.Hodges, J.Newman, P.Steggles, A.Ward and A.Hopper, "Implementing a Sentient Computing System", IEEE Computer, Vol.34, No.8, pp.50-56, 2001

[2.17] N.B.Priyantha, A.Chakraborty, H.Balakrishnan, "The Cricket Location-Support system", Proceedings of the 6th International Conference on Mobile Computing and Networking (MOBICOM2000), 2000

[2.18] A.Savvides, C.Han and M.Srivastava, "Dynamic Fine-Grained Localization in Ad-Hoc Networks of Sensors", Proceedings of the 7th International Conference on Mobile Computing and Networking (MOBICOM 2001), 2001

[2.19] M.Minami, Y.Fukuju, K.Hirasawa, S.Yokoyama, M.Mizumachi, H.Morikawa and T.Aoyama, "DOLPHIN : A Practical Approach for Implementing a Fully Distributed Indoor Ultrasonic Positioning System", Proceedings of the 6th International Conference on Ubiquitous Computing (UbiComp2004), 2004

[2.20] M.Hazas and A.Ward, "A Novel Broadband Ultrasonic Location System", Proceedings of the 4th International Conference on Ubiquitous Computing (UBICOMP2002), 2002

第3章

センサネットワークのプロトコル

　ネットワーク化されたセンサノードが相互に通信し合うためには，共通の通信手順を規定しておく必要がある．この通信手順はネットワークプロトコルと呼ばれている．たとえば，英語しか理解できない人と日本語しか理解できない人とでは会話ができないように，共通したプロトコルがない場合は通信はできない．

　また，人間のコミュニケーションにおいてはどのような言語（日本語，英語，フランス語など）を使用するのか，どのような手段（対面，電話，手紙など）を使用するのかなどといったように，プロトコルを複数の役割に分けて階層化ができる，ネットワークプロトコルにおいても同様に，プロトコルの役割を複数の階層に分けて考えることができる．

　階層化の利点は，各階層が上位と下位のプロトコルの利用方法さえ知っていれば，他の階層の処理を気にする必要がない点である．たとえば，手紙を読み書きする役目のプロトコルは，手紙を郵便ポストに投函するという処理と手紙を郵便受けから取り出す処理を知ってさえいれば，郵便局がどのような処理で実際に手紙を届けているのかを気にする必要がないということと同じである．

　インターネットではOSI（Open System Interconnection）参照モデルとして，7階層のプロトコル階層化モデルが標準化されている．よく知られているIP（Internet Protocol）は第3層（ネットワーク層），TCP（Transmission Control Protocol）やUDP（User Datagram Protocol）は第4層（トランスポート層）の事実上の標準プロトコルとなっている．インターネットで利用されているプロトコルの多くは長い年月をかけて洗練されてきており，データ転送速度や遅延といった通信性能だけでなく，スケーラビリティにも優れた強靭なプロトコルである．

センサネットワークにおいても，インターネットの階層化モデルと同じプロトコルを利用するという選択も可能である．しかし，従来のプロトコルに求めていた性能とセンサネットワーク上でのプロトコルに求められる性能は，明らかに異なる．そのため，センサネットワークでは新たなネットワークプロトコルの設計が望まれ，そのための研究が盛んに行われている．

センサネットワーク上でのプロトコルが従来のネットワークプロトコルと比較して特徴的であるのは，省電力を最優先して設計される点である．従来のネットワークではスループットや遅延対策が最優先されており，省電力は二の次であった．上位層の情報を下位層で積極的に利用するといった階層化の利点を犠牲にしてでも，省電力を重視した研究がセンサネットワークで受け入れられているのも特徴的である．センサネットワークで省電力が重視されるのは，次のような理由のためである．

(1) 物理的な電源管理の困難

消費電力が注目されるモバイル通信では，携帯端末の電力がなくなると人為的に端末を再充電したり，携帯端末と一緒に予備のバッテリを持ち運んだりする方法が一般的である．一方センサネットワークは，数百〜数千という数のセンサノードから構成されることも想定されている．このような環境では，人が各ノードの電力を管理することは現実的ではない．また，モバイル通信のように各ユーザが各自の端末だけを管理していればよいという形態ではないため，一人当たりが管理するセンサノード数は非常に多くなる．

さらに，センサネットワークは水，森，砂漠，体内など，人が物理的に接触して管理するには困難な場所へのノードの設置も想定している．というよりも，むしろこのような人が入り込めない場所にセンサノードを設置して，有益な情報を収集することがセンサネットワークに期待されているともいえる．このように，センサノードへの電力供給は物理的に困難な場合もあり，電力の消滅はネットワーク構成要素の消滅と捉えられている．

(2) センサノードの小型化，低コスト化

センサネットワークを構成するノードは，センサから周辺情報を取得し，近隣

センサと通信することが主な役割となる．携帯端末とは異なり，それ自身がユーザとのインタフェースとなるわけではないため，ディスプレイやキーボードといった入出力デバイスは必要ない．したがって携帯端末以上の小型化が期待できる．小型化による最大の利点は，設置の際の物理的な制約が少なくなる点である．

一方，CPUやメモリといった技術の飛躍的な進歩に対して，バッテリの進歩は非常に遅い．そのため，小型化，低コスト化にともなってバッテリの性能がボトルネックとなってきている．なぜなら，バッテリの小型化は電力容量とのトレードオフとなるため，小型化にしたがって電力容量が少なくなるからである．

センサネットワークではノードの再充電は想定しておらず，ノードの電力がそのままノードの生存時間となる．また，このようなネットワークは，通信性能や遅延を第一として設計されていたインターネットとは明らかに異なっている．長い年月をかけて洗練されてきたインターネットの仕組みが存在するが，それらをそのままセンサネットワークに適応することは最善の方法とはならない．省電力化への挑戦は，多くのシステム研究領域に対して新たな題材をもたらし，活発な研究が行われている．本章では具体的な研究例を挙げつつ，主にネットワークソフトウェアに注目して説明する．

3.1　基礎技術

物事を説明する際に，「5W1H(When, Where, Who, What, Why, How)」という言葉がよく使われる．センサノードが取得した情報に「いつ」「どこで」という情報を提供する仕組みが，時刻同期と位置測定である．センサネットワークでは物理的な現象をセンシングするため，それらの現象がいつ，どこで起こったことなのかという情報を付加するニーズは高い．

時刻と位置を測定する一般的な選択肢として，GPS(Global Positioning System)が挙げられる．環境によっては，すべてのノードにGPSを装着させることも可能である．しかし，GPSはコストと消費電力が高いため，一般的にはセンサネットワークには適していない．また，GPSは室内や水中，地中など，

衛星からの電波が受信できない場所では利用できない．そのため，GPSを選択できる環境は限られているといえる．

3.1.1 時刻同期

ノードが感知した現象に関するデータには，時刻情報が付けられることになる．高密度でノードが設置されたセンサネットワークでは，同じ現象を複数のノードが感知する可能性が高い．そのため，同期のとれた時刻情報を利用して，ネットワーク内部でデータを融合，削除することにより，トラフィックの冗長性を取り除くことが重要となる．また，時刻同期はTDMA (Time Division Multiple Access) などの通信処理や位置情報と組み合わせることにより，ターゲットの移動速度を計算するといったことにも利用される．

時刻同期の事実上の標準となっているNTP (Network Time Protocol) [3.1]は，高精度の時刻同期を実現することが可能である．しかしセンサネットワークでは，位置測定のためにマイクロ秒のオーダーで正確な同期が必要とされる場合や，あるイベントを検知した特定のノード間でのみ時刻を同期させたい場合など，インターネットとはその要求が異なる．高密度のノードで構成されたネットワーク環境で，省電力かつスケーラビリティの高い仕組みが要求されている [3.2, 3.3, 3.4]．

3.1.2 RBS (Reference-Broadcast Synchronization)

現在，一般的に利用されている，時刻サーバがクライアントからの要求に基づいて時刻を送信するサーバクライアント型の時刻同期方式では，クライアントごとにサーバが時刻同期の処理をするため，クライアントごとに同期のずれを生じさせる時間が存在する．図3.1に，同期のずれを生じさせる時間を示す．

① 送信時間

時刻情報をサーバが作成してから実際に処理されて，ネットワークインタフェースのデバイスにデータが渡されるまでに要する時間である．これには，コンテ

3.1 基礎技術

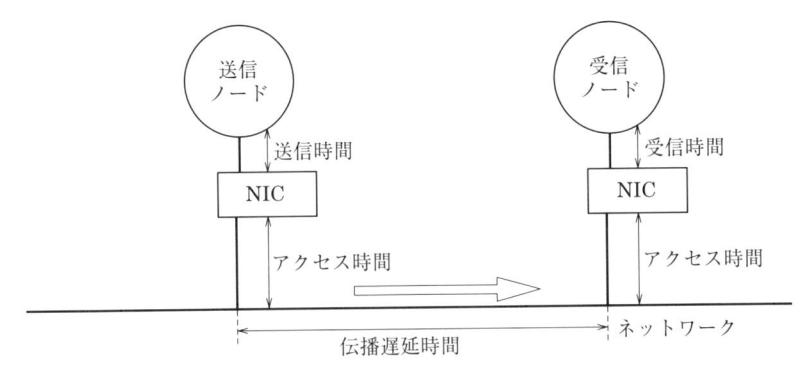

図3.1 同期のずれが生じる原因

クストスイッチやシステムコールのオーバヘッドの時間が含まれている．サーバの負荷の度合いによって変動する時間となる．

② アクセス時間

ネットワークインタフェースのデバイスに到着したデータが，実際にネットワーク上に送信されるまでの時間である．これは，MAC (Media Access Control) 層でのRTS/CTS (Request to Send/Clear to Send) といった制御メッセージの送受信の時間や，物理媒体のチャネルが空くまでの待ち時間，送信エラーによる再送のバックオフの時間などが含まれる．

③ 伝播遅延時間

送信されたデータが，クライアントのネットワークインタフェースに届くまでの時間である．これは，中継ルータでのキューイングやスイッチングの遅延も含まれる．

④ 受信時間

クライアントのネットワークインタフェースのデバイスが受け取った時刻情報が，クライアントのアプリケーションに渡されるまでの時間である．受信処理では割込処理が行われることが多いため，一般的に受信時間は送信時間と比較すると短くなる．

センサネットワークを想定した時刻同期の仕組みとして，RBS（Reference Broadcast Synchronization）が提案されている．RBSは，このような時刻同期のずれを生じさせる時間の影響をなるべく少なくすることを目的として設計されている．RBSのサーバは「参照パケット」と呼ばれるパケットを定期的にブロードキャスト送信する．ブロードキャストでの送信であるので，参照パケットは通信範囲に存在する複数のクライアントに受信される．ここで特徴的であるのは，参照パケットはサーバとクライアントの同期に利用されるのではなく，この参照パケットを受け取ったクライアント間での同期に利用される点である．

クライアントは参照パケットを受信すると，それぞれのローカルタイマで受信時刻を記憶する．各クライアントに到着する参照パケットのタイミングを，前述したずれを生じさせる時間の観点から考える．すべてのクライアントは同じ参照パケットを受信しているため，参照パケットに対する①送信時間と②アクセス時間はすべてのクライアントで等しいといえる．次に，③伝播遅延時間は1ホップのブロードキャストを利用しているため，ほとんど差はないといえる．最後に④受信時間であるが，これはネットワークドライバなどの低いレベルで受信時刻を取得することにより，オーバヘッドを極力減らすことが可能となる．このように参照パケットは，③伝播遅延時間と④受信時間の違いにより多少の誤差はあるが，ほぼ等しいタイミングで複数のクライアントに到着すると言える．図3.2に従来

サーバとクライアントの同期　　　　クライアント間の同期（RBS）

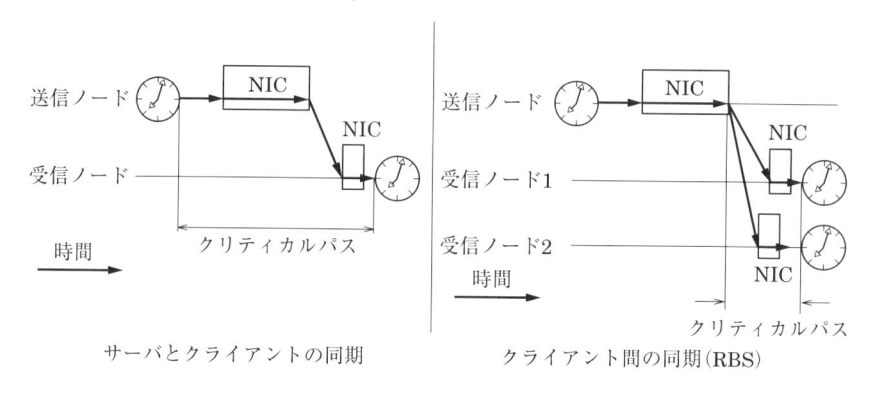

図3.2　クリティカルパスの違い

の仕組みと，RBSの同期に影響を与えるクリティカルパスの違いを示す．

各クライアントが記憶した受信時刻は，タイミングの観点ではほぼ等しいが，この時点ではタイマが同期されているわけではないため，各クライアントのローカルタイマの値となっている．RBSでは，このローカルタイマのずれをクライアント間で知ることにより，同期のための補正値を計算する．具体的には，各クライアントは記憶した受信時刻を近隣クライアントと交換し合う．式 (3.1) は，ノード i における他のノード j との補正値の求め方を示している．

$$\forall_i \in n, j \in n : Offset[i,j] = \frac{1}{m}\sum_{k=1}^{m}(T_{j,k} - T_{i,k}) \tag{3.1}$$

ここでは，n はクライアントの数，m は参照パケットの数，$T_{r,b}$ は参照パケット k を受信したときのノード r のタイムスタンプを示している．導き出された補正値と最小二乗法を利用してクロック・スキュー $C_{i,j}$ を計算して，ノード j が送ってきたデータのタイムスタンプ T_j を，ノード i は式 (3.2) でローカル時間 T_i に変換することが可能となる．

$$T_i \approx T_j C_{i,j} + Offset[i,j] \tag{3.2}$$

3.1.3　位置測定

ノードの位置情報は，物理現象が感知された位置を特定するだけではなく，経路制御やデータ集約などのプロトコル処理を効率化し，センシング領域や位置に依存したサービスを提供するなど利用価値が高い．従来のインターネットでは，ネットワークに接続されるノードはネットワーク上の位置を示すIPアドレスが重要であり，物理的な位置はさほど重要な情報ではなかった．

近年のコンピュータの小型化に伴い，モバイルコンピューティング技術が注目され，ユーザの物理的な位置を考慮したサービスが注目を浴びている．これは，ユビキタスコンピューティングの基本概念であるコンテクストアウェアネスの実現に他ならない．そのため，このような分野では位置測定技術が多く提案されている [3.5, 3.6, 3.7, 3.8]．

しかしこれらの技術は，第2章で紹介したようにレンジベース(Range - Based)位置測定と呼ばれており，主に特定の建物の中での利用が想定され，特殊なハードウェアやインフラを必要としている．数百～数千個というノードを想定するセンサネットワークで利用するには，高価なシステムである．そのため，省電力と低コストで実現可能なレンジフリー(Range - Free)位置測定と呼ばれる技術が注目されている [3.9, 3.10]．

Range - Free 位置測定の方式では，あらかじめ位置を知る一部のノード(ランドマーク)を仮定している．各ノードは，複数のランドマークとの位置関係やホップ数などから距離を計算し，三角測量や多角測量で自らの位置を測定する．

(1) Centroid 測定

Centroid 測定では，位置をあらかじめ知っているランドマークが，定期的に自らの位置情報を含んだビーコンをブロードキャストで近隣のノードに送信する．ランドマークからのビーコンは，球状に送信されていると仮定している．位置を知らないノードは，受信するビーコンに含まれる位置情報から周りに存在するランドマークの位置を知ることができる．N 台のランドマークの位置 (X_i, Y_i) が取得できた場合，式 (3.3) で重心 (X_{est}, Y_{est}) を計算する．計算した値を自分の位置とする．図 3.3 に，Centroid 測定による位置測定の例を示す．

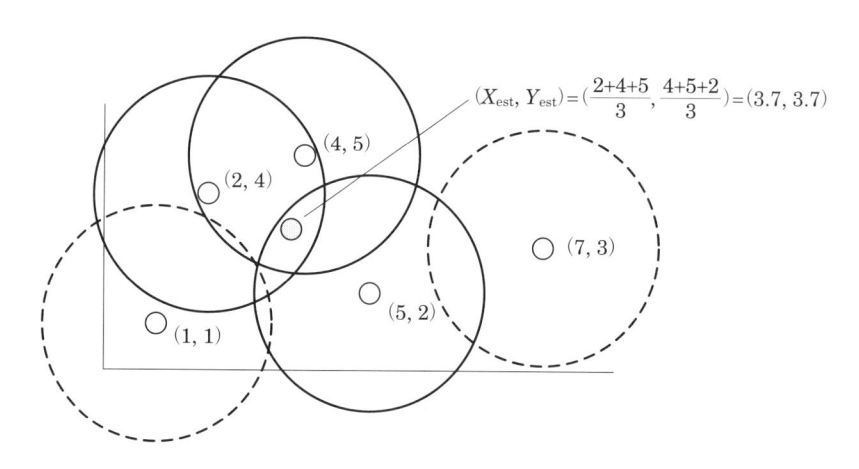

図 3.3 Centroid 測定による位置測定

$$(X_{est}, Y_{est}) = \left(\frac{X_1 + \cdots\cdots + X_N}{N}, \frac{Y_1 + \cdots\cdots + Y_N}{N} \right) \quad (3.3)$$

(2) DV-Hop測定

DV-Hop測定では，ランドマークからのホップ数と1ホップの平均距離の情報から，各ノードがランドマークまでの距離を見積もる．3台以上のランドマークからの距離を見積もり，多角測定により自らの位置を算出する仕組みである．

まずランドマークは，自らの位置情報を含んだパケットをネットワーク内にフラッディングする．このパケットには中継する度にカウントされるホップカウンタが含まれており，ネットワーク内のすべてのノードはすべてのランドマークの座標とホップ数を知ることが可能となる．

次に，1ホップの平均距離の見積もり方法を説明する．あるランドマークがフラッディングしたパケットは，他のランドマークにも到着している．ランドマークは，自分の座標と他のランドマークの座標から，2地点間の物理的な距離を計算することができる．さらに，そのランドマークまでのホップ数(h)がわかっているため，物理的な距離をホップ数で割った値を1ホップの平均距離のサンプルとして計算する．このサンプル取得処理を他のすべてのランドマークに対して行うことにより，最終的にサンプルを平均化して1ホップの平均距離が計算できる．

$$C_i = \frac{\sum \sqrt{(X_i - X_j)^2 + (Y_i - Y_j)^2}}{\sum h_j}, (i \neq j) \quad (3.4)$$

この値をネットワーク内のノードに通知する必要があるが，再度，すべてのランドマークがフラッディングを行うのは効率が悪い．計算された1ホップの平均距離は，ランドマークごとに少しの違いがあるが平均化されているため，ほとんど変わらない．そのため，各ノードが最も近いランドマークから1度だけ情報を受信できるようにフラッディングを改良している．このフラッディングは，1ホップの平均距離のパケットを一度でも受け取ったノードは，別のランドマークからのフラッディングを受け取っても中継しないという仕組みである．

1ホップの平均距離の情報を取得した各ノードは，保持しているネットワーク

$$C_{L1} = \frac{100+40}{6+2} = 17.5$$

$$C_{L2} = \frac{40+75}{2+5} = 16.42$$

$$C_{L3} = \frac{75+100}{6+5} = 15.90$$

C_{L1}：L1から1ホップの平均距離
C_{L2}：L2から1ホップの平均距離
C_{L3}：L3から1ホップの平均距離

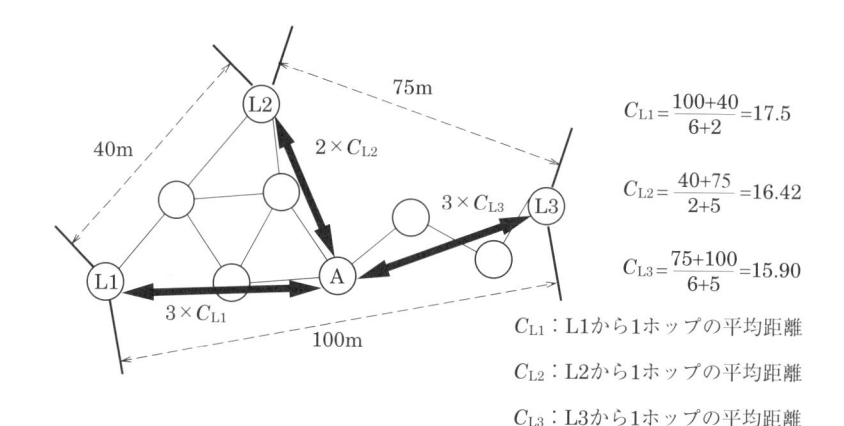

図 3.4　DV-Hop測定による位置測定

内のランドマークとのホップ数にその値を掛け合わせることにより，物理的な距離を計算する．ランドマークの座標はわかっているので，多角測量により自らの位置を算出することが可能となる．図3.4にDV-Hop測定による位置測定の例を示す．

(3) APIT (Approximate Point - In - Triangulation Test) 測定

APIT測定では，ランドマークが位置情報を含んだビーコンを定期的に送信する．ランドマークからのビーコンは，広範囲の多くのノードに届く環境を理想としている．各ノードは，受信したビーコンから3台のランドマークの組合せで作成可能なすべての3角形を導き出す．この3角形すべてに対して，自分が内側にいるのか外側にいるのかの検証を行い，自分の位置を絞り込んでいく方式である．ランドマークが多ければ多いほど三角形が多く作成できるため，精度の高い位置測定が可能となる．図3.5にAPIT測定のイメージを示す．

この三角形の内側にいるのか否かの理想的な測定方法として，PIT検証が提案されている．PIT検証では，ノードがすべての方角に検証のために移動する．その際に，3台すべてのランドマークとの距離が離れる方角が一つでも存在する場合，三角形の外側にいると判断する．

3.1 基礎技術

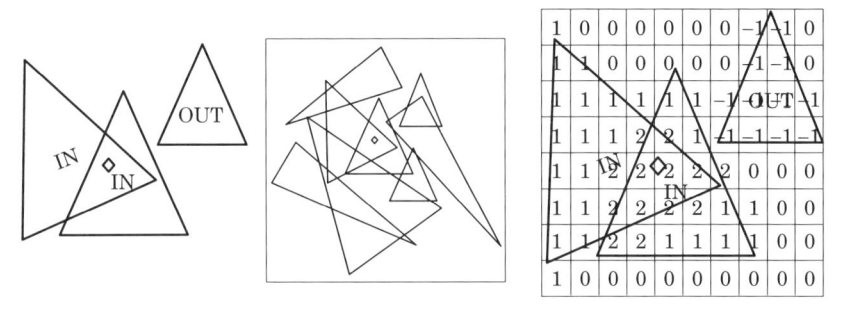

図 3.5 APIT測定

　ここで，すべての方角にノードが移動するという手法は，センサネットワークでは現実的ではない．そのため，ノードが移動しなくても PIT 検証に近似した性能を実現する仕組みが APIT 測定である．APIT 測定では，無線の電波強度を利用している．電波強度は，一般的に距離が遠くなるほど減衰することが知られている．APIT 測定では，ランドマークからの電波強度をノード同士が交換し合うことにより，そのランドマークにどちらのノードの方が近いのかを判断する．APIT による PIT 検証は，近隣ノードに 3 台のランドマークとの距離がすべて自分より遠いノードが存在する場合，自分が三角形の外側にいると判断する．たとえば，図 3.6 において M が外側にいる場合，ノード 3 がランドマーク A, B, C か

A. 内側にいる場合　　　　B. 外側にいる場合

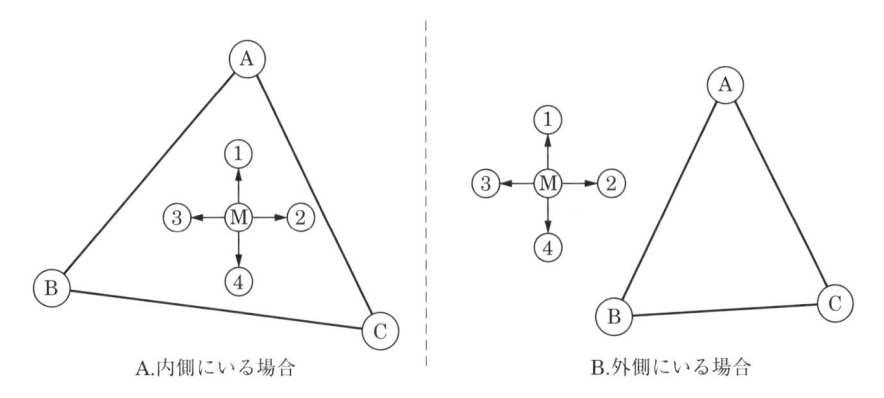

図 3.6 APTI測定による位置判定

ら受信する電波強度はノードMと比べて弱くなる．そのためノードMは，ノード3が自分よりもランドマークA, B, Cに遠いノードであると判断できる．

この検証では，測定ノードが三角形の辺のそばにいる場合，内側にいるのに外側にいると判断してしまうこと(In To Out Error)がある．また，近隣ノードの位置が不均整になると，外側にいるのに内側にいると判断してしまうこと(Out To In Error)もある．Out To In Errorの発生率はノードの密度が多くなるにつれて減少するが，In To Out Errorの発生率はノードの密度が多くなるにつれて増加する．シミュレーション結果では，電波到達距離内のノード数が6台から24台に増加すると，Out To In Errorの発生率は14％から4％に減少し，In To Out Errorの発生率は1％から2％まで増加すると報告されている［3.9］．

3.2　データリンク層

データリンク層の役目は，物理的に直接接続されたノード間でのデータ通信を実現することである．ノードがセンサネットワークに設置されている期間と比較して，そのノードが実際に通信を行っている期間は非常に短いといえる．そのため，理想的なデータリンク層はデータの送受信の間のみ通信デバイスを動作させ，それ以外は休止させておくことである．無線通信では，データを送受信していないときの通信デバイスの活動(アイドルリスニング)は送受信時と同じ程度の電力を消費するため，無視できない．これには，データリンク層で利用するMAC (Media Access Control)プロトコルそのものを省電力にする試みと，高密度センサネットワークを想定して必要最小限のノードを利用する試みがある．

3.2.1　MACプロトコル

MACプロトコルは，コンテンション方式とスケジューリング方式の2種類に大別することができる．コンテンション方式はIEEE802.11で規定されているCSMA/CA (Carrier Sense Multiple Access with Collision Avoidance)が有名であり，不特定多数のクライアントが無線帯域を共有する際に高い性能を示す．ス

ケジューリング方式は TDMA (Time Division Multiple Access) が有名であり，利用する無線周波数を短時間のスロットであらかじめ区切ってクライアントに割り当てる方式である．

スケジューリング方式［3.11, 3.12, 3.13］は，データの送受信時以外は通信デバイスを休止させておくことが可能なため，省電力の観点では理想的と言える．しかしスケジューリングするスロットを十分に確保するためには，ネットワーク内のノード数を把握しておく必要がある．センサネットワークでは数百～数千個のノードが動的にネットワークに加わったり離脱したりする可能性があるため，ノード数の把握は困難である．また，TDMAではスロットを細かい粒度に区切る必要があるため，精度の高い時刻同期が要求されるといった課題が存在する．

一方，コンテンション方式［3.14］は，スケーラビリティの点ではスケジューリング方式よりも優れているといえるが，ノードがデータを送受信していない間も通信デバイスを動作させておく必要があるため，消費電力の点で効率が悪い．なぜなら受信タイミングが明確ではないため，無線媒体を常に監視している必要があるからである．

以上のように，2方式にはそれぞれ利点と欠点があり，どちらがセンサネットワークに適しているのかということは一概にはいえない．そのため，通信デバイスの活動期間と停止期間のスケジューリングを近隣ノードと同期させ，同じ期間に活動しているノードでコンテンション方式を利用するといった，2方式の良い点だけを採用する手法も提案されている［3.15, 3.16］．

(1) LEACH (Low Energy Adaptive Clustering Hierarchy)

LEACH［3.17］は，TDMA をセンサネットワークに適応させた仕組みである．LEACH ではネットワーク内でクラスタリングを行い，各ノードは自分のクラスタヘッドに対して TDMA でデータを送信する．TDMA で送信するため，各ノードが割り当てられた時間以外は休止することができる．クラスタヘッドは離れたベースステーションに対して，クラスタ内のノードから受信したデータをまとめて送信する．

LEACH では，各ノードがあらかじめネットワーク内で望ましいクラスタヘッ

ドの割合を知っていることを前提としている．クラスタヘッドの割合が少ないとノードがクラスタヘッドから物理的に遠くなるため，通信の電力が多く必要となる．一方，クラスタヘッドの割合が多くなり過ぎると休止できるノードが少なくなるため，省電力の性能が低くなる可能性がある．トラフィックの種類やノードの密度を考慮して，最適なクラスタヘッドの割合を設定する必要がある．

各ノードは一定間隔で，自分がクラスタヘッドになるかどうか否かを判断する．選択した乱数 k $(0 < k < 1)$ が以下の式で表される $T(n)$ 以下であれば，クラスタヘッドとなる．

$$T(n) = \begin{cases} \dfrac{P}{1 - P^* \left(r \bmod \dfrac{1}{P} \right)} & \text{if } n \in G \\ 0 & \text{otherwise} \end{cases}$$

ここで，P は望ましいクラスタヘッドの割合，r はラウンド数，G は過去 $1/P$ ラウンドにクラスタヘッドになっていないノードの集合を示している．G に属さないノードは $T(n)$ が 0 となるため，クラスタヘッドにはならないことがわかる．すなわち，LEACHでは特定のノードがクラスタヘッドになるのではなく，すべてのノードに均等にクラスタヘッドの役目を課する仕組みとなっている．これは，特定のノードに通信負荷が集中して，消費電力量が多くなることを避けるためである．

クラスタヘッドになったノードは，クラスタヘッド告知（CHA：Cluster Head

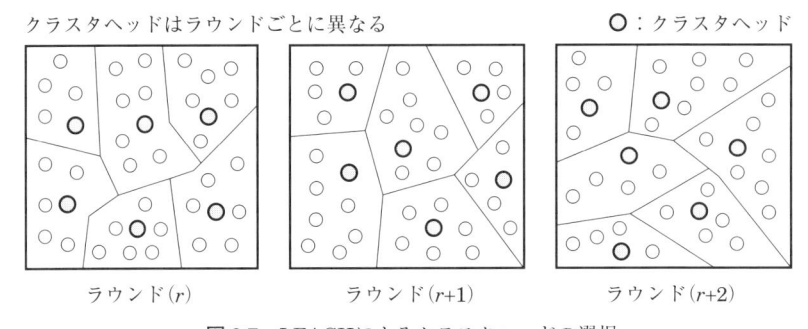

図 3.7　LEACHによるクラスタヘッドの選択

Advertisement）を CSMA/CA でブロードキャストする．クラスタヘッド以外のノードは，受信した CHA の中から最も電波強度の高い CHA を送信したクラスタヘッドに対して，CSMA/CA でクラスタ参加要求を送信する．電波強度が高いということは，最も物理的な距離が近く，少ない電力で通信ができることを示しているからである．その後クラスタヘッドは，クラスタ参加要求を送ってきたメンバに対して TDMA のスケジューリングを設定する．図3.7に，ラウンドごとにクラスタヘッドが変わるイメージを示す．

(2) S‑MAC (Sensor MAC)

S‑MAC［3.15］は，コンテンション方式をセンサネットワークに適応させた仕組みである．現在，構内無線 LAN で広く利用されている IEEE802.11 には，アイドルリスニングの時間を減少させるための省電力の仕組みが備わっている．IEEE802.11 のアドホックモードでは，送信ノードはデータを送信する際に，受信ノードに対してアドホックトラフィック発生通知メッセージ（ATIM: Ad‑hoc Traffic Indication Message）を送信する．ATIM は，周期的なビーコンの後に続く ATIM ウィンドウと呼ばれる期間に送信することになっている．ATIM を受信したノードは休止状態に遷移せずに，データが送信されるのをリスニング状態で待機する．一方，ATIM を受信しなかったノードは，ATIM ウィンドウの期間が終了すると次のビーコン受信時間まで休止状態に遷移する．

S‑MAC の基本的な仕組みは IEEE802.11 のアドホックモードの省電力の仕組みと似ているが，ビーコンを想定していない点とマルチホップ通信を考慮している点が異なる．図3.8に示すように S‑MAC では，通信デバイスをフレーム間隔と呼ばれる周期的な間隔でリスニングと休止を行っている．周期ごとのリスニング期間は，全体の10％程度の期間が推奨されている．送信データを持つノードはリスニング期間中に RTS（Request To Send）を送信し，CTS（Clear To Send）を受け取るとすぐにデータの送信を開始する．データの送受信が開始すると，その送受信が完了するまで休止状態には遷移しない．

この仕組みを実現するためには，送信ノードは受信ノードのリスニング期間がいつであるのかを知らなくてはならない．休止状態のノードは，RTS/CTS とい

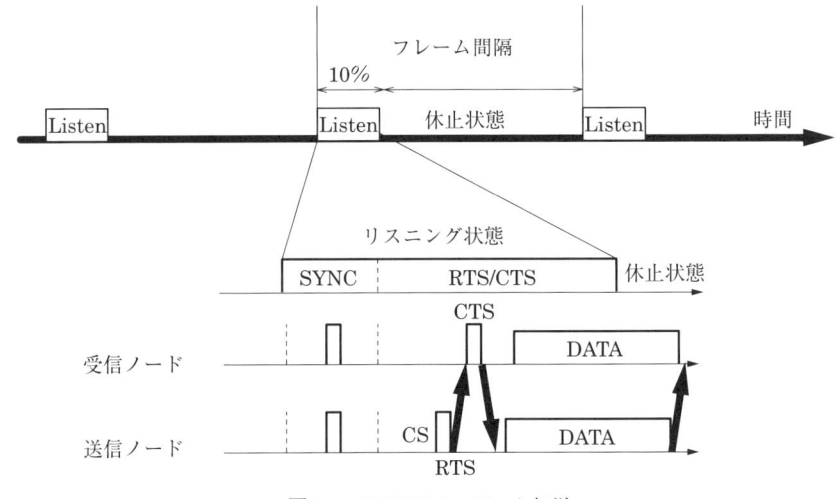

図 3.8　S-MACでのデータ転送

った一切のデータを受け取ることはできないからである．このためS‑MACは，近隣ノードに対して自らのリスニング期間と休止期間のスケジュールを通知する仕組みを備えている．この通知は，リスニング期間に遷移した直後のSYNC期間に送られることになっている．

　スケジューリングを決定していない新規ノードは一定の期間リスニング状態となり，他のノードからスケジュール通知を待つ．リスニング期間中にスケジュール通知を受け取らなかった場合，ランダム時間待機した後，自らのスケジュールを決定して近隣ノードに送信する．スケジュール通知を送る前に他のノードからのスケジュールを受信した場合は，自分のスケジュールを受信したスケジュールに合わせる．

　S‑MACでは，すべてのノードのスケジュールが同期することを理想としている．しかしマルチホップ通信では，スケジュール通知の伝播に時間がかかるため，境界のノードは異なるスケジュールを近隣ノードから受信する可能性がある．このように，自らのスケジュールを決定した後に他のノードから別のスケジュールを受信したノードは，後に受信したスケジュールにも合わせる．すなわち，複数

```
RTSを受信した          休止状態(RTS)        送受信が終わるタイミングで
近隣ノード                                  一時的に起きる

送信ノード      RTS          DATA

受信ノード          CTS            ACK    次のホップのノードに
                                          RTSを送信

CTSを受信した       休止状態(CTS)
近隣ノード                            送受信が終わるタイミングで
                                      一時的に起きる
```

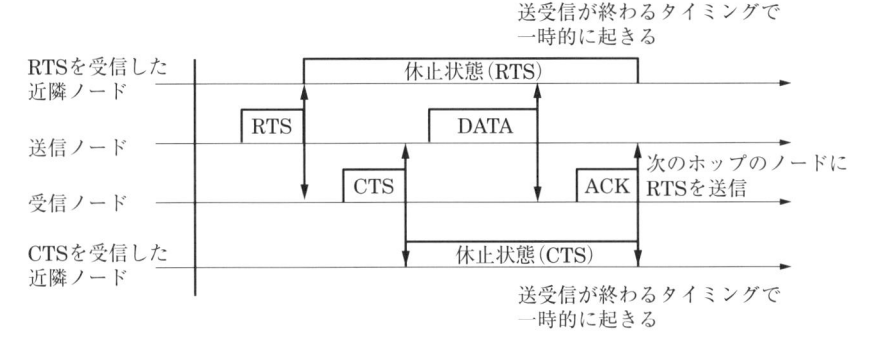

図 3.9　S-MACでの適応型リスニング

のスケジュールをもつノードが存在することとなる．

　提案者らは，後にS‐MACの拡張機能として適応型リスニング機能(図3.9)を追加している [3.18]．従来の方式では，一周期ごとにデータを1ホップしか送信できなかった．そのため，ホップ数が多くなる通信ではデータ到着までの遅延が増加する．適応型リスニング機能では送受信ノード間でやり取りするRTS/CTSを聞き，耳により受信した近隣ノードはデータの送受信が終わるタイミングで一時的に休止状態からリスニング状態に遷移する．一方，受信ノードは，データ受信を完了するとすぐにRTSを送信する．次に，ホップノードが前の送信のRTS/CTSを聞いていた場合はリスニング状態になっているため，すぐにCTSを返すことが可能となる．このことにより，2ホップの連続的な送信が実現できる．

3.2.2　適応型トポロジ

　適応型トポロジはノードを高密度に配置し，必要最低限ノードを動的に利用することにより，ネットワーク全体の寿命を伸ばす手法である [3.19, 3.20, 3.21]．たとえば，10個のノードを配置して1年間稼働するネットワークに100個のノードを配置することで，10年間稼働させるという手法である．ここで，100個のノードを何も考えずに利用していると，1年間ですべての電源がなくなってし

まうのは言うまでもない．適応型トポロジではノード同士が協調し，どのノードが通信デバイスを活動させてデータの中継を行うか，どのノードが通信デバイスを停止させるかなどの決定を自律分散的に実現する．

ライフタイムを伸ばす方法として，ノードの電力がなくなるまで1台ずつ利用していく方法と，すべてのノードの電力を徐々に利用していく方法が存在する．多くの提案方式は，後者の方法を選択している．すなわち，すべてのノードができるだけ長く一緒に存続することを理想としている．これは，すべてのノードは等しく重要な存在であり，特定のノードに負荷がかかることを想定するべきではないという考えに基づいて設計されているためである．

適応型トポロジの課題は，ノードの通信デバイスの活動・休止のスケジューリングだけでなく，アプリケーションの要求にあったトポロジを自律分散的に構成し，ネットワークの寿命を伸ばすことである．しかし，これには次のようなトレードオフが存在する．

① 休止状態のノードが多い場合：活動ノード間の距離が遠くなり，エラー率が高くなる．そのため，通信電力の増加やデータの再送により送信電力が増加する可能性がある．また，センシング領域にも影響を与えるため，これらの領域を管理する仕組みが必要となる．

② 活動状態のノードが多い場合：不必要なノードがアイドルリスニングになっているため，省電力の観点では効率が悪い．また，短い距離でデータ通信が頻繁に起こると，干渉によりネットワークの輻輳が起こる可能性がある．

(1) Span

Span [3.21] は，ネットワーク内の全ノードに対して接続性を提供できる最小限のコアノード（コーディネータ）を活動状態にして，その他のノードを休止状態にしておくことで電力消費を抑えて，ネットワークの持続時間を向上させる手法である．

各ノードは，定期的に自らがコーディネータになるか否かを判断する．これには，自らのすべての近隣ノード同士が直接通信，または2台以下のコーディネータを経由して通信できるかどうかで判断する．もし，この条件で通信ができない

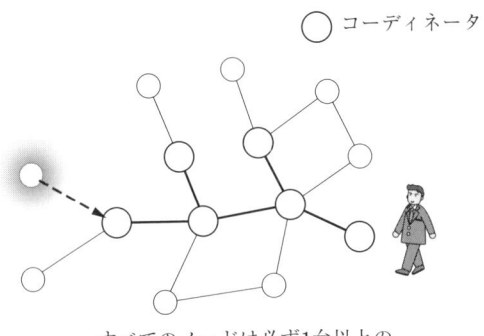

すべてのノードは必ず1台以上の
コーディネータと接続している

図 3.10 Spanのイメージ

近隣ノード同士が存在した場合，自らがコーディネータとなる．コーディネータとなったノードはネットワークのバックボーンとなり，近隣ノードから受け取るデータのルーティングを行う．すなわちSpanによって構成されるネットワークでは，すべてのノードは必ず1台以上のコーディネータと通信が可能な状態となっている．図3.10にSpanのイメージを示す．

　コーディネータになるか否かの判断をすべてのノードが同時に行うと，多くのノードがコーディネータになってしまい，冗長性が高くなる危険性がある．そのためSpanでは，電力残量や近隣ノード同士の接続性などの情報を用いて，自分がコーディネータになると判断した際に送信するコーディネータ通知メッセージを送信するまでの遅延時間を設定する．電力残量の多いノードや近隣ノードが多く存在するノードほど，この遅延時間が短くなりコーディネータになり易くなる．もし自分がメッセージを送信する前に他のノードからコーディネータ通知メッセージを受信した場合は，再度自分がコーディネータになるか否かの判断を行う．

(2) GAF (Geographical Adaptive Fidelity)

　GAF［3.20］は，各ノードがあらかじめ位置情報を知っていることを前提として設計されている．ルーティングの役目となる活動状態のノードを動的に変更し，それ以外のノードを休止状態にすることにより省電力を実現し，ネットワー

ク持続時間を増加させる．

　GAFの最大の特徴は，位置情報を利用して物理的な空間を仮想的な格子状に区切ることである．区切る際に，隣接する格子の中のすべてのノード同士が通信できるようにする．仮想格子は，一辺が r の正方形とする．電波到達距離 R があらかじめわかっているとすると，隣接する正方形の中で最長の距離となる対角線の長さは $\sqrt{r^2+(2r)^2}$ となる．この最長の長さがR以下であれば，隣接する正方形の中のノード同士は必ず通信が可能となる．そのため，$r < R/\sqrt{5}$ として区切る必要がある．図3.11の左側にrとRの関係を示す．

　GAFには休止状態，探索状態，活動状態の3通りの状態が存在する．活動状態のノードがルーティングの役目を担う．各ノードは探索状態から開始して，探索メッセージを送信する．探索メッセージにはノードID，格子ID，電力残量から計算される予想存続時間と，ノードの現在の状態の四つの情報が含まれている．

　探索状態のノードは，ある期間 (T_d) を経過すると活動状態に遷移する．T_dは，電力残量が多いノードほど小さな値が計算される式が利用される．活動状態は，一定時間 (T_a) が経過するまで続く．T_aの値は，予想存続時間の半分程度が推奨されている．

　探索状態と活動状態のノードはある条件で休止状態に遷移するため，最終的には各格子内に一つの活動状態のノードが残ることになる．その条件には二つある．一つ目の条件は，探索状態のノードが探索メッセージを活動状態のノードから受け取った場合である．活動状態のノードは，T_dの間隔で探索メッセージを送信

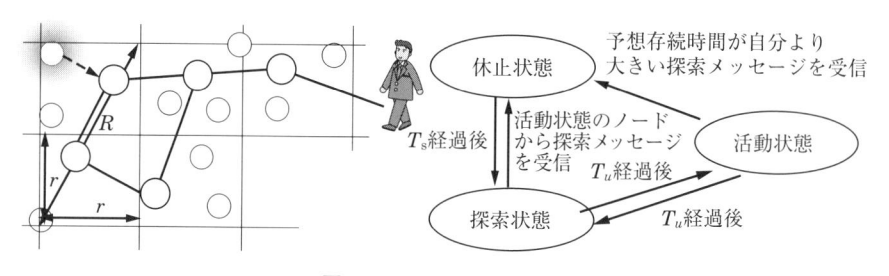

図 3.11　GAFのイメージ

することになっている．二つ目の条件は，活動状態のノードが自らの予想存続時間と比較して，より大きな値の予想存続時間を含む探索メッセージを受け取った場合である．図3.11の右側に状態遷移図を示す．

活動状態のノードが送信する探索メッセージには，T_aが含まれている．休止状態に遷移するノードは，その値から休止期間を計算し，活動状態のノードの活動期間が終了するタイミングで探索状態に遷移する．活動状態であったノードは，T_a経過後，探索状態に遷移するが，電力残量は少なくなっているため，他のノードが活動状態となる可能性が高くなる．

また，活動状態のノードが移動するような場合，格子内に活動状態のノードがいなくなってしまうことが考えられる．これを避けるため，格子の大きさと移動速度から活動状態のノードが格子を抜ける時間を計算する．活動状態のノードが送信するT_aの最大値は，その時間によって制限される仕組みが備わっている．

3.2.3　トポロジ制御

センサネットワークの省電力アプローチとして，トポロジ制御という技術がある．無線通信では，送信電力を抑えると通信距離が短くなる．数メートル先のノードとの通信に数百メートルの通信距離を送れるほどの電力を使うのは，効率が悪い．また，通信距離が長くなるということは他のノードの通信にも干渉してしまうため，帯域の利用効率も悪くなる恐れがある．

トポロジ制御の技術には，いくつかの仕組みが提案されている．たとえば，ノードが設置される密度と電波到達距離をある程度想定し，平均近隣接続ノード数nを満たすためにはどれくらいの通信距離に設定すればよいかを計算する方法がある．図3.12では，左側に示されているトポロジをトポロジ制御により，平均近隣接続ノード数2で送信電力を調整した結果を示している．リンク数が減り，干渉の少ないネットワークトポロジができていることがわかる．

また，全体で唯一の条件を満たす通信距離を導くのではなく，各ノードの通信（ユニキャスト，ブロードキャスト）において，近隣ノードとの位置関係に基づいて送信電力量を動的に調整する方法がある．他には，移動可能なノードを想定

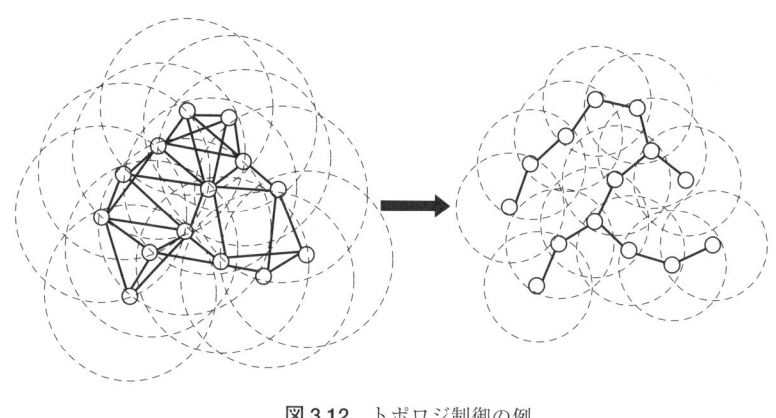

図 3.12 トポロジ制御の例

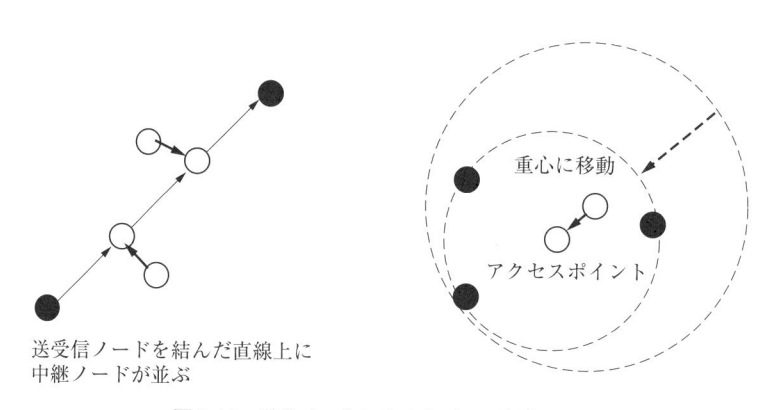

図 3.13 移動ノードによるトポロジ制御の例

し，図3.13に示すように通信経路のノードを直線に並ぶように移動させ，クラスタ型でアクセスポイントとなるノードをクラスタメンバの重心に移動させたりするといった方法がある．

3.3 ネットワーク層

ネットワーク層の役割は任意の2点間のデータ通信を提供することであり，インターネットではIPがその役割を担っている．センサネットワークではノード

の電力容量，CPU，メモリといった資源が乏しいため，上位層の情報を積極的に利用することにより，データ配送処理を効率化するアプローチが受け入れられている点が特徴的である．

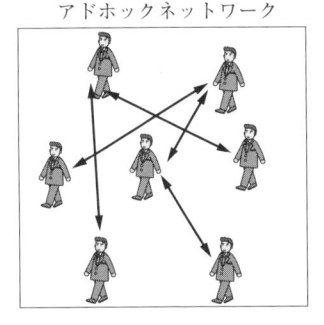

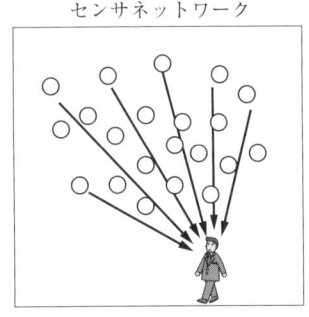

3.3.1　アドホックネットワークとの関係

　センサネットワークのデータ配送の仕組みに影響を与えている技術として，アドホックネットワークの存在を無視することはできない．主な類似点は，位置の特定されていないノード間の経路を動的に構築するという点である．アドホックネットワークでは，これまで膨大な数の経路制御プロトコルが提案され，標準化に長い年月が費やされている [3.22, 3.23, 3.24, 3.25]．その理由は，ノードの移動モデルや密度，トラフィック特性，ネットワークの規模などの想定環境の違いによって，経路制御プロトコルの性能が大きく左右されるからである．

　アドホックネットワークで提案されてきた経路制御プロトコルを，センサネットワークで利用することも可能である．しかし，センサネットワークはアドホックネットワークと異なり，ノードの立場がすべて同等ではなく，観察者とセンサという異なる立場のノードが存在する．センサ間では情報の中継はあるものの，お互いが終端ノードとなって情報交換をするということは稀である．そのためセンサネットワークでは，観察者からセンサに対する通信と，センサから観察者への通信に着目することによる効率化が求められる [3.11, 3.17, 3.26]．

図 3.14　アドホックネットワークとセンサネットワークの違い

また，センサネットワークでは観察者の移動のみを想定し，センサの移動を想定しない場合が多い．ロボットをセンサノードとした移動型センサネットワークも存在するが，その移動特性はある程度予測が可能であり，アドホックネットワークほどノードの移動に対する柔軟性は求められない．このように，センサネットワークとアドホックネットワークでは，想定されている環境が明らかに異なる．また，利用するアプリケーションに特化した省電力方法も実現可能であり，アドホックネットワークとは異なる新たな経路制御プロトコルが期待されている．

　本節では，アドホックネットワークの経路制御プロトコルの概要を述べる．さらにセンサネットワークの視点から見て，アドホックネットワークの領域で大きな影響を与えている技術として，位置情報を利用した経路制御プロトコルに関して述べる．

3.3.2　アドホックネットワーク経路制御

　アドホックネットワークとは，移動可能な無線端末により構築されるネットワークである．無線電波の届かない端末同士の通信は，中間にいる他の端末がデータを中継し，マルチホップ通信により通信を行う．このようなネットワークは，ネットワーク構築の容易性，迅速性の点で優れ，インフラへの依存を少なくし，ユーザの柔軟性が向上するなどの利点がある．一方，アドホックネットワークでは，その仕組み上，第三者の協力が必須であり，協力者への報償やセキュリティ問題などその実現においては多くの研究課題がある．

　アドホックネットワークでは，どのように任意の二つのノード間の通信を実現するのかといった経路制御の研究に興味が集中した．従来のインターネットでは，ノードのアドレスはネットワーク上の位置にマッピングされていたが，アドホックネットワークではノードの移動が想定されているため，アドレスに依存していた従来の経路制御とは異なる経路制御の仕組みを提供する必要がある．

　経路制御は主に二通りに分類することができる．一つは通信を始める際に経路を探索するリアクティブ型プロトコルである．もう一つは，定期的な情報交換により経路を決定しておくプロアクティブ型プロトコルである．双方を組み合わせ

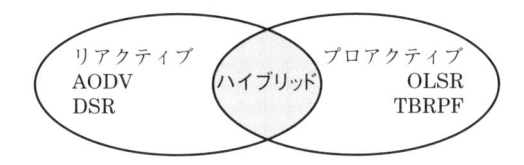

図 3.15 アドホックネットワークの経路制御プロトコル

たハイブリッド型プロトコルも存在するが，その性能に関しては高く期待されてはいるものの，現時点では定かではない．

経路制御プロトコルに要求する性能は，アプリケーションごとに異なる．またその性能も，ユーザの移動性やトラフィックの種類によって変動する．たとえば，高速で移動可能な自動車で構築するアドホックネットワークと，ほとんどの人が席に座っているミーティングルームで構築するアドホックネットワークでは，経路制御プロトコルに要求される仕組みが異なる．このことは，すべてにおいて万能な経路制御プロトコルは存在しないことを示している．

たとえば，通信の要求が少ないネットワークでは冗長な制御メッセージを減らすことができるリアクティブ型プロトコルであるが，通信が開始するまでに遅延が起こるため，通信開始の遅延を重視するようなアプリケーションには向いていない．一方，通信開始の遅延がほとんどないプロアクティブ型プロトコルであるが，データ通信量がほとんどないネットワークやトポロジの変動が頻繁に起こるようなネットワークでは，不必要な経路情報が増加して効率が悪くなる．

近年，膨大な数の提案方式の中からインターネットの標準化団体であるIETFは，プロアクティブ型プロトコルの2方式（DSR, AODV），リアクティブ型プロトコルの2方式（OLSR, TBRPF），合計4方式を実験RFCとして選定し，議論を進めることに決定した．

(1) DSR (Dynamic Source Routing)

DSRは歴史の古いプロトコルである［3.11］．DSRの主な特徴は，リアクティブ型のプロトコルである点と，送信ノードが宛先ノードまでの経路をすべてパケットヘッダに含んで送るソースルーティング方式を利用している点である．

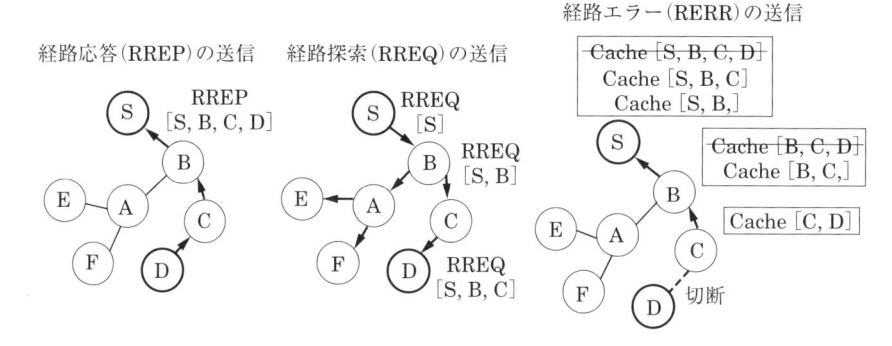

図 3.16 DSRの仕組み

　宛先のわからないノードと通信する場合，送信ノードはネットワーク内に経路要求 (RREQ: Route Request) をフラッディングする．フラッディングとは，ブロードキャストを利用して到達可能なネットワーク内のすべてのノードにパケットを伝播する仕組みである．パケットには識別子が付加されており，各ノードは受信したパケットを一度だけブロードキャストするという規則でパケットの中継が行われる．

　各ノードはRREQを中継する際に，RREQ内に自分のアドレスを付加して中継する．宛先ノードに届いたRREQには，これまで経由してきたすべてのノードのアドレスが順序通りに付加していることになる．宛先ノードは，この経路の逆を辿るソースルーティングを利用して，経路応答 (RREP: Route Reply) パケットを送信ノードに返信して取得した経路を伝える．

　各ノードはデータ中継の際に，次のホップへの中継が成功したか否かを必ず確認しなければならない．確認方法は実装依存であるが，確認応答を利用する方法が一般的である．データ中継の成功が確認できない場合，経路エラー (RERR: Route Error) を送信ノードに向けて送信する．RERRを中継するノードは，経路エラーが起こったノード間のリンクを含むすべての経路情報を経路表から消去する．

(2) AODV (Ad-hoc On Demand Vector)

AODV［3.27］の主な特徴は，リアクティブ型のプロトコルである点と，各ノードが次にどのノードにパケットを送ればよいかという経路表を保持している点である．すなわち，各ノードは次の中継先だけを知っており，その後どのように宛先にパケットが届けられるのかは関知しない．

宛先ノード(D)までの経路を知らない送信ノード(S)は，RREQをネットワーク内にフラッディングする．RREQパケットを中継するノードは，パケットを中継してきたノードをS宛の経路の次ホップノードとして記録する．RREQの処理により，Sへの経路情報がすべてのノードに構築される．

この構築された経路を利用して，DはSに対してユニキャストでRREPを送信する．RREQの処理と同様に，RREPを中継するノードはD宛ての経路の次ホップノードを知ることができる．RREPがSに届いた時点でSとDの双方向経路が確立する．

各ノードは，RREPの受信時に前後のノードをprecursorリストに追加する．図3.17にその処理の様子を示す．precursorリストは，その経路を利用する近隣ノードのリストとなる．このリストは経路エラーの処理に利用される．AODVにおいてもDSRと同様に，各ノードは次のノードに対する経路の有効性を確認

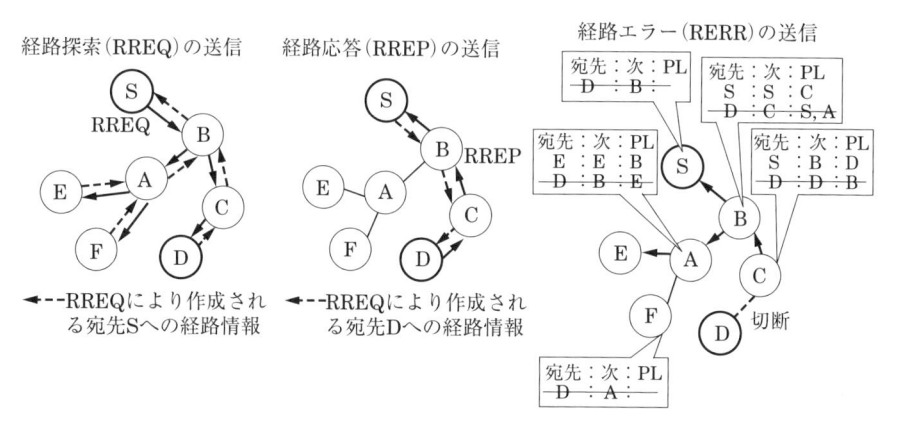

図 3.17　AODVの仕組み

しなければならない．確認できない場合は，RERRをデータ送信元に対して送信することになる．無効となったノードへのリンクを次ホップとしている宛先ノードへの経路を，すべて無効とする必要がある．さらにprecursorリストには，その経路を利用する近隣ノードが記録されている．それらのノードは，無効となった宛先に対する経路を保持している確率が高いため，precursorリストのすべてのノードにRERRを送る．

(3) OLSR (Optimized Link State Routing)

プロアクティブ型プロトコルであるOLSR［3.22］の最大の特徴は，マルチポイントリレー(MPR: Multi-Point Relay)集合と呼ばれる仕組みを利用してフラッディングを効率化している点である．従来のフラッディングはすべてのノードが必ずパケットを一度だけ中継するのに対して，MPR集合を利用したフラッディングでは，必要最低限のノードだけがパケットを中継する．各ノードは，自分がどのノードのMPRになっているのかを知っており，そのノードからのパケットだけを中継する．

MPRの選択方法を図3.18に示す．Sは，近隣ノードとのHelloメッセージの交換により，2ホップ先までの経路情報を収集する．1ホップで接続するノードを集合N_1とし，2ホップで接続するノードを集合N_2とする．集合N_1の中で唯一の集合N_2のノードを持つノードを選択する．図3.18ではノードBが唯一ノードEと繋がっているため，最初に選択される．次に，最も多くの集合N_2を持っている集合Nのノードを選択する．例ではノードCとなる．集合N_2がなくなるまでこの処理を繰り返すことによって，最終的に集合Nの中からMPR集合が選択される．例では，ノードB,CがノードSのMPR集合となる．

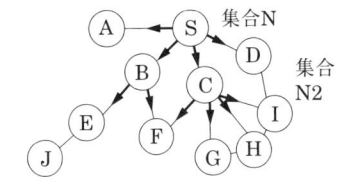

集合N	集合N2
A	なし
B	E, F
C	F, G, H, I
D	I

集合N	集合N2
A	なし
B	E, F
C	G, H, I
D	なし

図3.18　OLSR MPR集合の選択

各ノードが送信するHelloメッセージには，自分のMPR集合のリストも含まれている．このリストから，各ノードは自分がどの近隣ノードのMPRであるかを知ることができる．このMPRは，フラッディングに利用される．自分がMPRとして選択されているノードからのパケットだけを中継する仕組みである．

　実際にこのMPRを利用したフラッディングは，経路表の作成に利用されている．MPRとして選択されたノードは，自分がどのノードのMPRであるかというリストをフラッディングする．ここで，MPRに選択されたノードしかフラッディングしないことに注意して欲しい．すべてのノードは，必ず一つ以上のMPR集合を選択している，あるノードが選択しているMPR集合がわかるということは，そのノードへの経路の一つ手前のノードがわかるということである．さらにその一つ手前のノードのMPR集合もわかるため，最終的に各ノードはネットワーク全体のトポロジ構成を作成することが可能となる．実際のデータは，この経路表に従って送信される．

(4) TBRPF(Topology Broadcast Based on Reverse-Path Forwarding)

　プロアクティブ型のプロトコルは，ノードの移動に伴ってトポロジが変更された場合，ネットワーク内のすべてのノードの経路表に影響を与える可能性がある．TBRPF［3.28］では，このようなトポロジの変更の処理コストを最小限に抑えるために，安定したリンクの選択やトポロジの差分情報を積極的に利用している．

　TBRPFでは，最終的にネットワーク内のすべてのノードに対する最短経路である送信者木(Source Tree) Tを作成する．すべてのノードが同じトポロジから作成されたTを保持することで，どのノードとも通信ができることになる．では，どのように同じトポロジを共有すればよいかであるが，最も簡単な方法は，各ノードが自分の隣接ノードのリストをネットワーク内のすべてのノードに伝えればよいというものである．しかしこれでは，トラフィック量が膨大になるため効率が悪い．そのため，Tの部分集合となる報告部分木(RT: Reported subTree)と呼ばれる情報を定期的(たとえば5秒程度)に送信する．さらに，より細かな時間粒度(たとえば1秒程度)で，RTに追加・削除の変更があった場合の差分情報

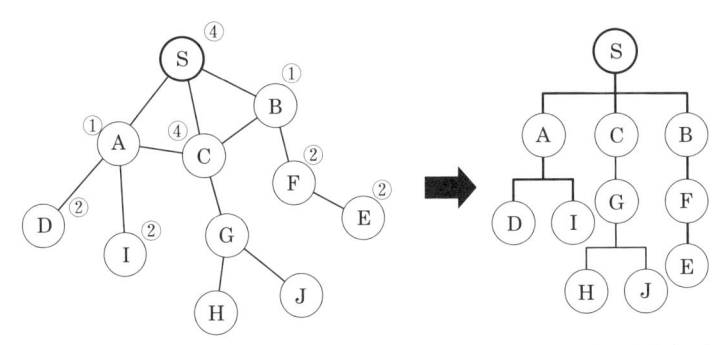

ネットワークトポロジ　　　　　送信者木と報告部分木(RT)の作成

送信木から報告ノードセット(RN)，報告部分木(RT)の作成

① ノードiの隣接ノードの中の1台のノードがノードiをノードjへの最短経路とする場合，ノードのiはノードjをRNに含ませる．
② TにおいてRNを次ホップとする下流のノードをすべてRNに含ませる．
③ 隣接ノードと自分をすべてRNに含ませる．
④ RNで構成された経路情報がRTとなる．

図 3.19 報告部分木の作成

を送信する．RTの全体情報を送信するのは，新規にネットワークに加わったノードには差分情報だけでは充分ではないからである．

このRTの情報は，隣接ノードにのみ送信され中継はされない．しかし，この情報が隣接ノードのRTに変更を加えた場合，隣接ノードは自らのRT情報をさらに隣接ノードに送信する．TBRPFのこのような処理が，純粋なフラッディングとは異なる点は特徴的である．RTの作成方法を図3.19に示す．

3.3.3 位置情報を利用した経路制御

各ノードが自らの絶対的な位置を知っていることを仮定した経路制御が存在する．前節で述べたが，センサネットワークにおいてノードが位置を知っているという前提は妥当である．そのため，アドホックネットワークではさほど注目されていなかった位置情報を利用した経路制御技術であるが，センサネットワークでは注目されている．

この経路制御の基本的な仕組みは，まず各ノードが近隣ノードに対して自分の位置情報を定期的に通知する．データを転送する場合，宛先ノードの位置に最も近い近隣ノードに対してデータを転送する．データを受信したノードは，さらに宛先ノードの位置に最も近い近隣ノードにデータを転送する．このような処理を繰り返すことにより，最終的に宛先ノードまでデータが届くことになる．このようなデータ転送方式はGreedy Forwarding [3.29] と呼ばれている．

Greedy Forwardingの仕組みは，常時うまくいくとは限らない．図3.20は，Greedy Forwardingがうまくいかない状況を示している．送信ノードSが宛先ノードD宛のデータを保持している．ノードSからノードDへの経路は，ノードA, Bを経由するかノードE, Cを経由するかの2通りである．しかし，ノードSの近隣ノードA, Eは，ノードSよりもノードDに遠い位置にいる．そのため，ノードSでデータの転送が停止してしまう．

このような状況を避けるために，いくつかの提案がされている [3.30, 3.31]．GPSR（Greedy Perimeter Stateless Routing）[3.32] では，Greedy Forwardingにより中継先がなくなった場合，一時的にノードがPerimeter Forwardingと呼ばれるモードに切り替わる．Perimeter Forwardingに切り替わったノードは，自らの位置情報を転送データ内に記録し，このノードを出発点として近隣ノードで作られた多角形を右回りで周回するようにデータが転送される．記録された座標よりも宛先ノードの位置に近い近隣ノードを保持するノード

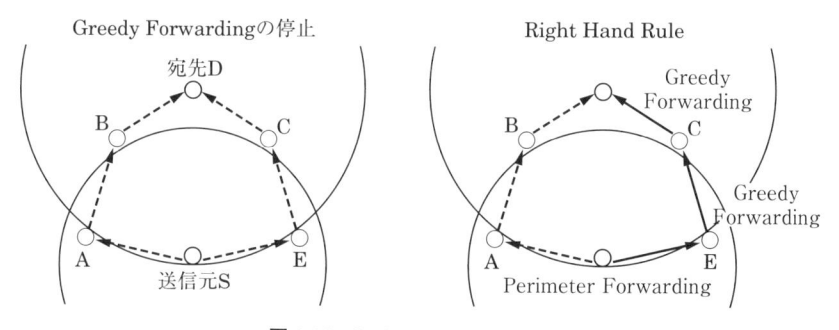

図 3.20 Right Hand Rule

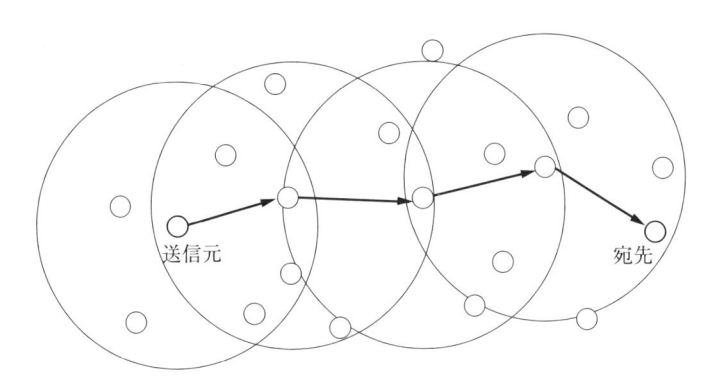

図 3.21 Greedy Forwarding

に到着すると，そこで再度 Greedy Forwarding に切り替わり転送される．
 この処理は，Right-Hand Rule と呼ばれている．Right-Hand Rule では，データを受け取ったノードは，送ってきたノードの方角から時計の反対方向の角度で最初に存在するノードに対してデータを転送する．この Right-Hand Rule は，多角形内で交差するリンクが存在するときちんと周回しない．そのため，仮想的な平面グラフを作り，近隣ノードとのリンクを確立している．GPSR で推奨されている RNG (Relative Neighborhood Graph) や GG (Gabriel Graph) よりも，RDG (Restricted Delaunay Graph) の方が理論的にも実践的にも高い性能があるという報告がされている [3.33]．
 また Greedy Forwarding では，図 3.21 のように結果的に宛先までの最短ホップが選択されることになる．いくつかの研究では，チャネル品質を考慮しない最短ホップの選択は通信性能の低下につながることが報告されている [3.34]．純粋な Greedy Forwarding ではなく，位置情報とチャネル品質を考慮した経路制御方式も提案されている [3.35]．

3.3.4 センサネットワークの特徴

 センサネットワークのネットワーク層の設定において，特徴的な話題としてネットワーク内部処理とデータセントリックの概念が挙げられる．これらの技術は

センサ情報処理技術とも密接に関わり合っているため，第4章でも詳しく述べる．

(1) ネットワーク内部処理

ネットワーク化された複数のセンサを，仮想的な1個のセンサとして観察者に見せる点がセンサネットワークの特徴である．図3.22は，センサネットワーク（左）と単にネットワークに接続したセンサ（右）との違いを示している．複数のセンサが単にネットワークに接続されただけであれば，感知されたデータがそのまま観察者に届くことになる．この場合，観察者は複数のセンサから届いた情報を自身で処理する必要があるのだが，センサネットワークでは観察者が求めている情報だけが最終的に届くことになる．

このため，センサネットワークではセンサ同士が協調し合い，ネットワーク内部でデータの内容に基づいて冗長性を取り除いたり融合したりする．従来のインターネットでは基本的に終端ノード間でデータは送受信され，途中のルータがデータを操作するといったことは基本的に行わない．

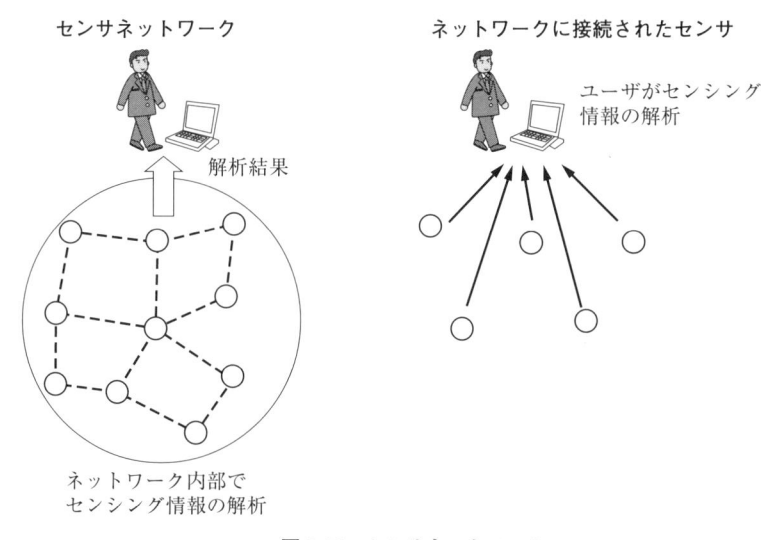

図 3.22 センサネットワーク

ネットワーク内部処理は，情報の種類に大きく依存する．たとえばセンサの位置情報や時間情報などは融合することはできない．そのため，当初はセンサネットワークのオプション的な技術と捉えられていた［3.28, 3.36, 3.37］．しかし，最近は必須技術としてアプリケーションから独立な部分を考慮した仕組みが提案されている［3.38］．

(2) データセントリックの概念

近年インターネットのコミュニティは，ネットワークがノードのアドレス (IP アドレス) ではなくデータの名前を直接扱うことが可能なデータセントリックの概念を採り入れたネットワークの重要性を認識しはじめた［3.39, 3.40］．

従来のネットワークはアドレスセントリック，ノードセントリックと呼ばれている．このようなネットワークでは個別のノードを識別することが重要視されており，ノードごとにアドレス付けが行われている．データを取得する際には，データの名前からそのデータを保持するノードのアドレスに変換する処理や，ノードのアドレスを指定してデータを問い合わせるといったように，ノードのアドレスを中心とした処理が必要であった．

一方センサネットワークでは，センシング情報がどのノードから送信されたかといったことはさほど重要ではない．センシング情報に位置や時間といった情報が埋め込まれていればよいからである．また，膨大な数のセンサから特定のセン

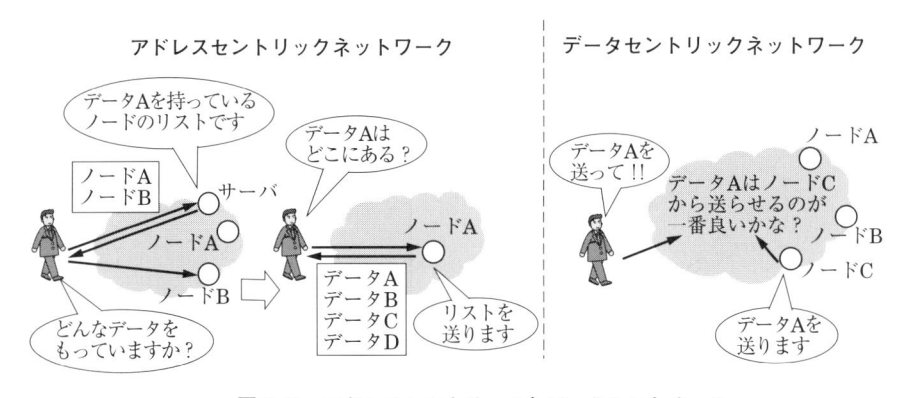

図 3.23 アドレスセントリックとデータセントリック

サを指定して通信したいという要求もほとんどない．そのため，前述したように，ノードのアドレスに変換するといった処理は省電力の観点でも効率が悪い．したがって，データを直接扱うようなネットワークが注目されている．図3.23にアドレスセントリックとデータセントリックのネットワークの違いを示す．

3.3.5　データ散布方式

センサネットワークの基本処理は，観察者が欲するデータに関するクエリをネットワーク内に流し，該当するイベントのデータをもつセンサノードが観察者にデータを送信する．このような基本処理を実現する方法は，データ格納場所という視点で大きく次の三つに分類することができる．
(1) 外部ストレージ方式
(2) ローカルストレージ方式
(3) データセントリックストレージ方式

(1) 外部ストレージ方式

センサから取得したデータをノードが直接蓄積せずに，外部のノードに送信する方式を外部ストレージ方式と呼ぶ．この方式には，格納場所を何らかの方法によりあらかじめ決定しておく方式や，取得したデータをネットワーク内にフラッディングするような方式がある．図3.24にこの方式のイメージを示す．

SPIN (Sensor Protocols for Information via Negotiation) [3.41] は，センサネットワークを想定した初期の研究例である．センサが取得したデータを近隣のノードにブロードキャストで送信する際の消費電力の最小化を目的としている．

マルチホップ無線センサネットワークにおいてデータのブロードキャストをベースとしたフラッディングを行うと，データの冗長性が高くなる．たとえば，異なる経路を通って同じデータが届いたり，同じ現象をセンスした複数のセンサから同じデータを受け取ったりするということがあり得る．

データの送受信時には電力が消費されるため，このような冗長な送受信を避けることが省電力には重要となる．SPINでは，データをブロードキャストする前にどのようなデータかという情報（メタデータ）を送る．このメタデータを受け

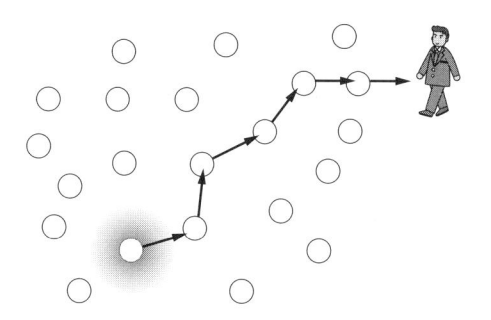

図 3.24 外部ストレージ方式

取った近隣ノードは，そのデータに興味がある場合のみデータ要求のメッセージを返信してデータを送ってもらう．

すなわち，送信ノードはデータをすぐに送らずに，興味をもっているノードにだけ送ることが可能となる．メタデータは実際のデータと比較して小さくすることが可能なため，データ量が比較的大きな状況においては消費電力を減少させることができる．

図 3.25 に，SPIN のデータ転送処理の様子を示している．データを送信するノードは，メタデータである広告パケットを近隣ノードに送信する．データに興味

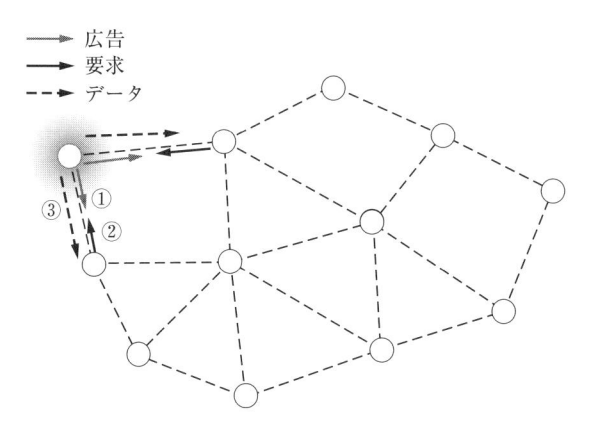

図 3.25 SPIN のデータ転送処理

のあるノードは，要求パケットを送信ノードに返信する．要求パケットを受け取ったノードは，実際のデータパケットを送信する．

(2) ローカルストレージ方式

センサから取得したデータをノードが直接内部に保持し，観察者からの要求に応じてデータを送信する方式をローカルストレージ方式と呼ぶ．この方式では，観察者は何らかの方法によりネットワーク内のすべてのセンサノードにクエリを送信し，クエリにマッチするデータを保持しているノードが観察者にデータを送信する．図3.26に，ローカルストレージ方式のイメージを示す．

Directed Diffusion [3.42] は，ローカルストレージ方式を採用している．また，Directed Diffusion の特徴の一つとして，データセントリックの概念を利用した経路制御を利用している点があげられる．これは，クエリの送信処理を効率化するため，各ノードをデータの属性と値のペアで名前付けし，その名前を利用して通信経路が決定される仕組みである．

初期のバージョンが提案された数年後，Directed Diffusion の後継バージョンが提案されている．後述するが，初期のバージョンでは特定のルーティング方式を採用していたため，アプリケーションの種類によっては効率が悪くなる．そのため，アプリケーションによって最適なルーティング方法が選択可能なように，

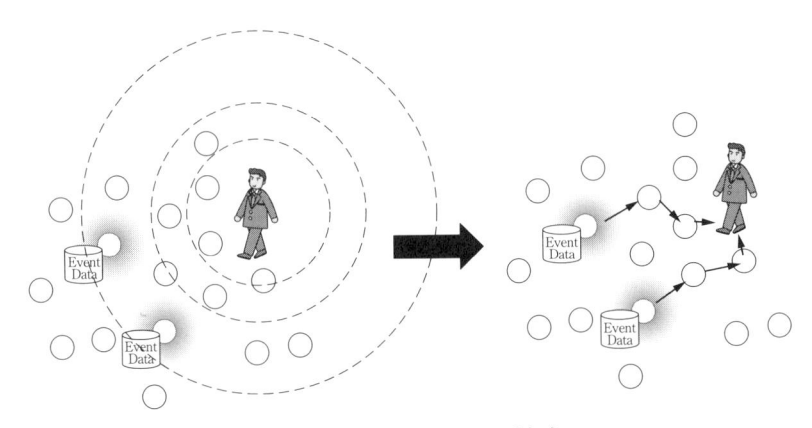

図 3.26 ローカルストレージ方式

複数のルーティング方式を拡張方式として提案している．

① Two - Phase Pull Diffusion

ローカルストレージ方式の初期の仕組みは，Two - Phase Pull Diffusionと呼ばれている．これは，観察者がまずノードを探索し，次にノードが観察者への最適な経路を探索するという2段階の処理が必要であったからである．この仕組みでは，まず観察者がinterestと呼ばれるメッセージをネットワーク内のすべてのノードにフラッディングにより配布する．interestを受け取ったノードは，送ってきたノードをgradientsとして記憶する．interestにマッチするデータを取得したノードは観察者にデータを送信するのであるが，この時点では観察者との経路が確立していない．そのため，ネットワーク内に同様にフラッディングをする．このときフラッディングされるデータはexploratoryと呼ばれる．exploratoryを受け取ったノードは，interest中継時に設定したgradientsに対してデータを中継する（純粋なフラッディングではない点に注意）．gradientsをたどっていくと，最終的に観察者までexploratoryが届くことになる．

exploratoryを受け取った観察者は，ノードとの最適な経路（一般に

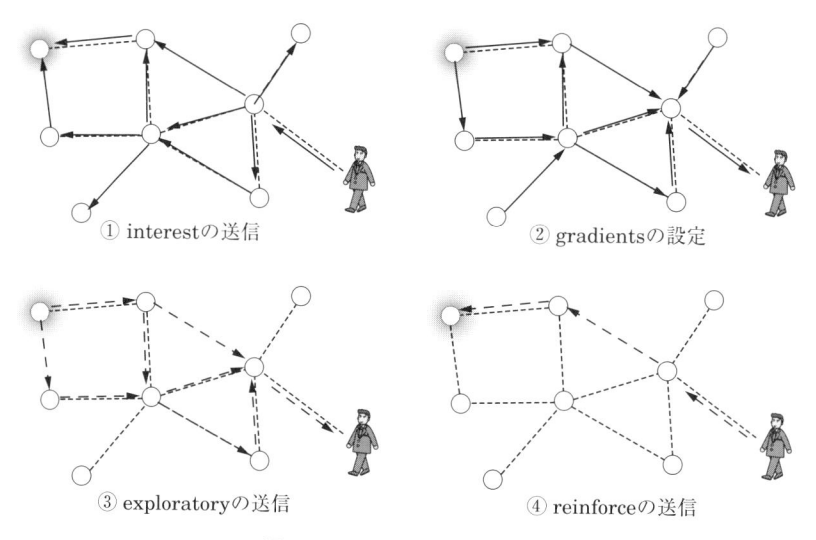

① interestの送信

② gradientsの設定

③ exploratoryの送信

④ reinforceの送信

図 3.27 Two-Phase Pull Diffusion

exploratoryが最初に送られてきた経路)を決定するため，exploratoryを送ってきたノードをreinforceする．reinforceされたノードは，さらにexploratoryを送ってきたノードとの経路をreinforceする．このことを繰り返すことにより，最終的にexploratoryを送信したノードまでreinforceされる．このreinforceされた経路が，後のデータ配送用の経路として利用される．図3.27に，Two-Phase Pull Diffusionの処理イメージを示す．

　一度決定した経路はトポロジの変化により保障されるものではないため，negative reinforcementsにより破棄したり，また，ソフトステートであるため観察者は定期的に(30秒程度)interestを送信したり，さらにセンサはexploratoryを定期的に(90秒程度)送信して最適化を行う．

② Push Diffusion

　Two-Phase Pull Diffusionは観察者の数がセンサノードの数と比較して少ないセンサネットワークを想定しており，観察者の数が多いアプリケーションでは効率が悪くなる．なぜなら，すべてのセンサノードが観察者ごとにinterestとgradientsを保持しなければならないからである．

　Push Diffusionではデータの観察者が受動的になり，interestの処理をせずにセンサノードがexploratoryをネットワーク内に送信する．interestの情報はあらかじめセンサノードが保持していることを想定している．exploratoryを受信し，データに興味のあるノードは，reinforceで経路を決定する仕組みである．図3.28にPush Diffusionの処理イメージを示す．

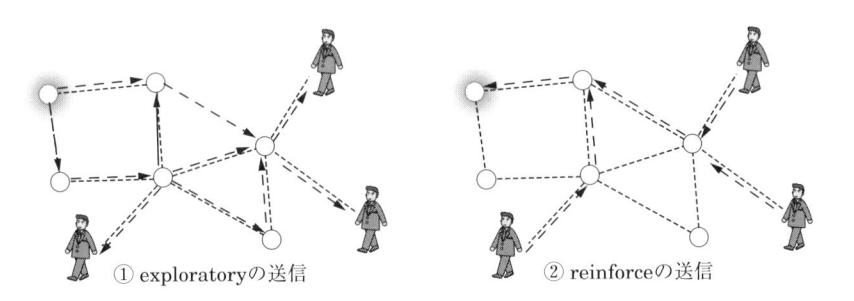

① exploratoryの送信　　　　② reinforceの送信

図 3.28 Push Diffusion

③ One-Phase Pull Diffusion

One-Phase Pull Diffusionの最大の特徴は，対称リンクを想定していることである．非対称リンクは無線ネットワークではよく知られた問題であるが，リンク層での確認応答を利用しているIEEE 802.11のようなMAC層のプロトコルは数多く存在するため，上位層で対称リンクのみをフィルタリングすることは可能である．

対称リンクを想定するため，Two-Phase Pullにおけるexploratoryとreinforceの処理を省くことが可能となる．観察者への経路には，interestを最初に（遅延が最も短い経路で）中継してきたノードを次ホップと設定する．複数の観察者を識別するために，interestにはフロー識別子を付加しなければならない．図3.29にOne-Phase Pull Diffusionの処理イメージを示す．

TAG（Tiny AGgregation）はローカルストレージ方式を採用し，ネットワーク内部処理に着目した方式である．TAGではデータを集めるルートノードを想定し，すべてのノードとルートの間には少なくとも一つの経路が存在し，ルートノードから送信されるクエリがネットワーク内のすべてのノードに到達する木構造をベースとしてルーティングを想定している．

受信したクエリには，IDとLEVELを付加して送信する．自らのLEVELが決まっていないノードはLEVEL+1を自分のレベルとして，送信ノードを自分のParentに設定する．

図3.30のようなSQL構造に近いクエリが送信される．TAGは，二つのフェー

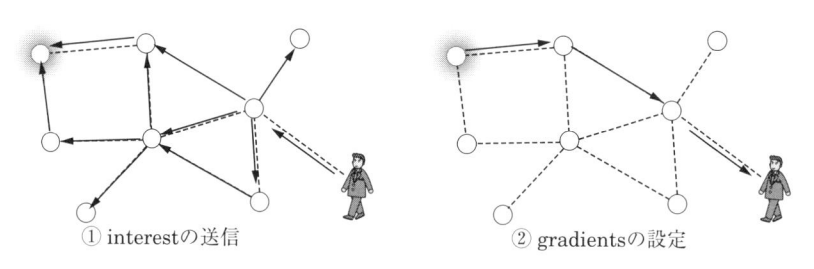

図 3.29 One-Phase Pull Diffusion

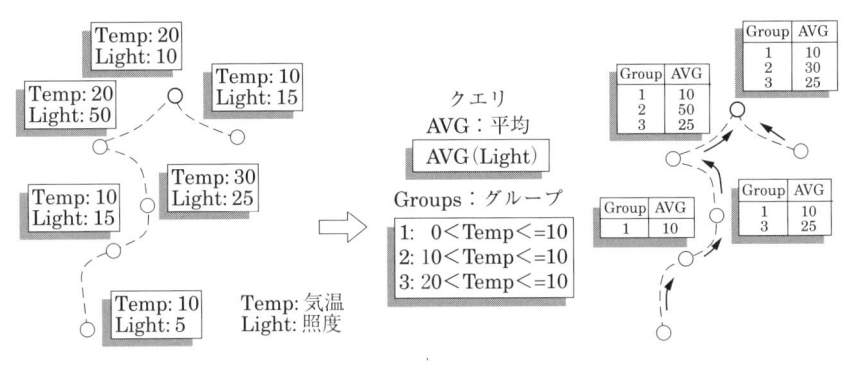

図 3.30 TAGによるデータ収集

ズ（DistributionとCollection）により成り立つ．Distribution フェーズでは，クエリがネットワーク内のすべてのノードに流布することになる．ParentがChildrenにクエリをブロードキャストにより配布する．

Collectionフェーズでは，ParentはすべてのChildrenからのデータ返信を待ってから集約したデータを転送する．このとき，ChildrenはParentから指定された時間内にデータを送らなければならない．

またTAGでは，SQLのGROUPを実現するためにノードが取得している情報（たとえば 温度/10 でグループを作成する）といったGroupの指定方法が可能である．図3.30に，TAGによるデータ収集のイメージを示す．例では，気温をベースに三つのグループを作成している．グループごとに平均化した照度を最終的に集める様子を示している．

(3) データセントリックストレージ方式

データの名前に基づいてデータの格納場所を決定する方式をデータセントリックストレージと呼ぶ［3.43, 3.44］．ノードは取得したデータの属性に基づいて，データをネットワーク内のノードに対応付ける．対応付けされたノードは，ネットワーク内においてその属性に関するデータを保持する役目となる．

ノードがローカルにデータを保持せずに，このような手法でデータを処理する最大の利点は，省電力である．観察者はデータを取得する際に，要求パケットを

ネットワーク全体に流さなくてもよい．観察者は，欲するデータの属性に基づいて格納場所のノードを探すことが可能なため，そのノードに対してユニキャストにより要求パケットを送ることが可能となる．この方式では，クエリを直接蓄積先に送信することが可能となるため，多くの方式で有効である．

データセントリックの基本的な機能は，次の2点である．

① Put(k, v)：データ名をキー(k)としてデータ値vを保存する．
② Get(k)：データ名のキー(k)からデータ値を読み込む．

キーとなるデータ名から，どのようにセンサノードにマッピングさせるかが課題となる．図3.31にデータセントリックストレージ方式のイメージを示す．

データセントリックストレージを実現する方法として，GHT (Geographic Hash Table) を利用した手法がある［3.45］．GHTは，キーを地理座標に対応付けするハッシュ関数である．

GHTで決定される地理座標は，実際のノードの位置を考慮して計算されるわけではない．そのため，決定された座標にノードが存在しない場合がある．GHTでは，位置情報をベースにルーティングを行うGPSR (Greedy Perimeter Stateless Routing)［3.46］プロトコルを利用している．GPSRでは，宛先の位置に自分よりも近い近隣ノードがいない場合は，左回りで周回させるという規則がある．この周回を終えたパケットが再び同じノードに戻ってきたとき，そのノードがそのキーのホームノードとなる．

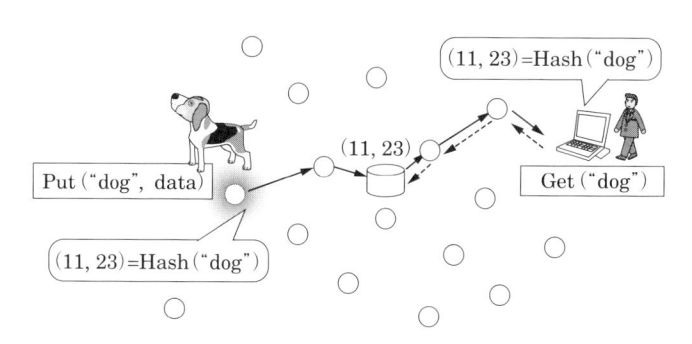

図 3.31　データセントリックストレージのイメージ

ノードの故障や移動に対応するため，ホームノードの周りに存在する周辺ノードがデータの複製を保持する．ホームノードは一定の間隔で，リフレッシュパケットをGPSRによりGHTで決定された地理座標に向けて送信する．これはネットワークの変動により，そのキーのGHTで得られる座標に現在のホームノードよりも近いノードが存在する可能性があるためである．リフレッシュパケットが周回して戻ってきたノードが次のホームノードとなる．トポロジが変更していない場合は，リフレッシュパケットを送信したホームノードに戻ってくることとなる．

周辺ノードは，ホームノードからのリフレッシュパケットが一定時間内に送られない場合は，ホームノードの故障を想定して，自らがリフレッシュパケットを送信する．

データを引き出す際の留意点は，ネットワーク内に流されるパケットの総数を極力減らすだけでなく，局所的に特定のノードの負荷が高くならないようにする点も重要である．当初の研究は，ローカルストレージや外部ストレージといった形態の手法を効率的に実現することが注目されていた．しかしセンサネットワークの形態として，発見されるイベントが膨大な数になる場合や常時通知する必要がない場合もある．このように，実際に観察者への送信が必要なデータがイベント数よりも小さい場合，またセンサネットワークのノード数が多く，すべてのノードへの問合せのフラッディングのコストが高くなるような状況では，データセントリックストレージが有効である．このような観点から，データセントリックストレージが注目されている．

3.4 トランスポート層

ノードや観察者が送信するデータの配送が下位層で保証されているか否かということは，アプリケーション層の設計者には重要なことである．トランスポート層の設計により，喪失率の高い無線リンクでの再送処理やネットワークの輻輳を回避するための転送制御を，アプリケーションの機能から切り離すことが可能となる．

3.4.1　信頼性

信頼性が高い通信とは，送信したデータが確実に届くことが保障されている通信である．

喪失率 p のリンクを n ホップする通信の場合，データが到着する確率は $(1-p)^n$ となる．そのため，喪失率 p とホップ数 n が大きいセンサネットワークでは，インターネットで利用されているTCPのようにエンド間で再送する手法［3.47］よりもホップごとで再送する手法［3.48, 3.49］の方が効率的になる．図3.32は，リンクの喪失率とホップ数がエンド間の送信成功率に与える影響を示したグラフである．

またアプリケーションによっては，一部の割合のノードや特定の領域のノードなどに対して，データの信頼性を実現したい場合がある．従来のインターネットにおける信頼性のあるデータ配送の仕組みとは別物として，新たな設計も試みられている［3.50］．

(1) PSFQ (Pump Slowly, Fetch Quickly)

PSFQ［3.48］は，ブロードキャストをベースとしたネットワーク内へのフラッディングに信頼性を持たせること目的としている．送信ノードは，フラッディ

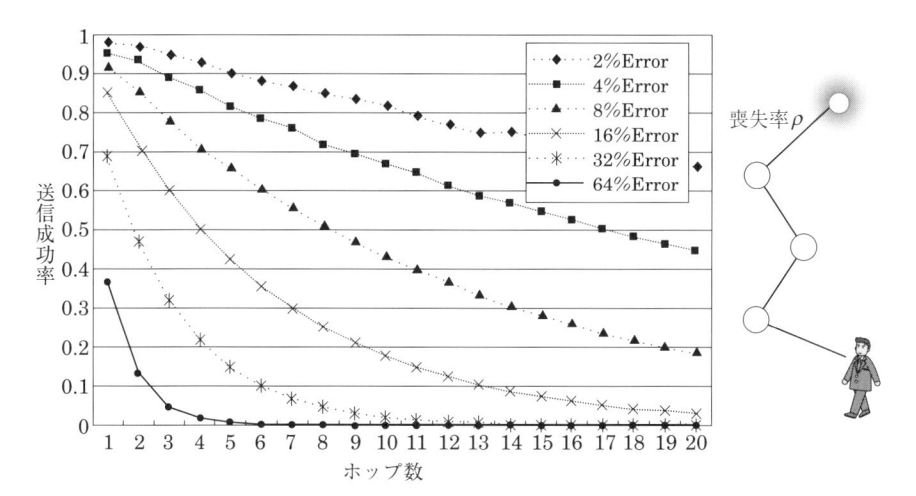

図 3.32　パケット送信成功率

ングの際にどの程度の領域のノードにデータを送信するのかを，ホップ数で示される存続時間（TTL：Time To Live）により指定する．ネットワークの最大転送サイズ（MTU：Maximum Transmission Unit）を超えたデータは，複数のパケットに断片化されて送信されることになる．中継ノードでは，パケットを中継するたびにTTLを1減算する．TTLが0になると中継を停止する．

　PSFQの主な機能は，Pump, Fetch, Reportの三つである．名前の由来通り，Pumpをゆっくりと行い，Fetchをすばやく行う．Pumpは送信処理のことであり，Fetchはパケットが欠損した際の再送要求処理のことである．PSFQでは，届かなかったパケットだけを受信ノードが要求するNACK（Negative ACK）という方式を採用している．Reportは，送信状況を送信元に通知するためのものである．この機能により，どれくらいのノードにデータが流布したのかを送信元が確認することが可能となる．

　送信ノードは，一定の間隔（T_{min}）でパケットを近隣のノードに対してブロードキャストで送信する．パケットにはファイル識別子，ファイルサイズ，シーケンス番号，TTLが含まれている．パケットを受信したノードはシーケンス番号を確認し，受信したパケットが順序通りの場合，TTLを減算して中継する．この際，送信ノードからパケットを受信した近隣ノードが同じタイミングでパケットを送信すると，衝突により性能が悪化する可能性がある．そのため，T_{min}と最大遅延時間（T_{max}）の間から選択されたランダム時間待機してから送信する．

　一方，受信ノードが順序の異なるパケットを受信した場合，再送要求となるNACKをT_r（$T_r < T_{max}$）以内に送信する．このNACKでは，欠けているシーケンス番号の領域を指定することができる．T_r以内に送信すればよいため，もし複数のパケットが欠けていた場合は，一度のNACKでその欠けている複数の領域を指定することが可能となる．

　また，近隣ノードも同じパケットを受信しておらず，同じパケットに対するNACKを送信する可能性がある．近隣ノードからのNACKが確認できた場合，自分のNACKはキャンセルする．なぜなら，近隣ノードに対する送信ノードの再送はブロードキャストで行われるため，結果的に自分も再送パケットを受信す

ることが可能となるからである．NACKを送信後，一定時間(T_r)経過してもパケットが届かない場合はNACKを再度送信する．NACKを受信したノードは，$T_r/4$と$T_r/2$の間でランダムな時間待機してから再送を行う．待機中に他のノードによる該当パケットの再送を検知できた場合は再送を中止する．図3.33は，PSFQにおけるデータの中継例と再送例を示している．

NACKでは，欠損したパケットの判断には後方のパケットが到着することが前提となっている．そのため，欠損したパケットよりも後方のパケットが到着しない，もしくは存在しない場合に問題となる．この問題を解決するため，PSFQではProactive Fetchと呼ばれるタイマによるNACK送信の機能が提供されている．すべてのパケットはT_{max}以内で送信されていると仮定しているため，$\alpha * (S_{max} - S_{last}) * T_{max}$ ($\alpha > 1$)がタイマの値として設定される．S_{max}はファイルサイズで，S_{last}は最後に受け取ったデータのシーケンス番号である．

送信ノードが，どのノードがどこまでのシーケンス番号を受信したのかを知りたい場合，送信パケットのTTLの領域内にReport Bitを含んで送信する．このパケットを最後（TTLが0）に受信したノードがReportメッセージを送信する．Reportメッセージには送信元IDが含まれている．Reportメッセージを受信したノードは，この送信元IDからのパケットを送信してきた一つ前のノードに対して転送する．この処理により，最終的にReportメッセージは送信元ノードに到着する．

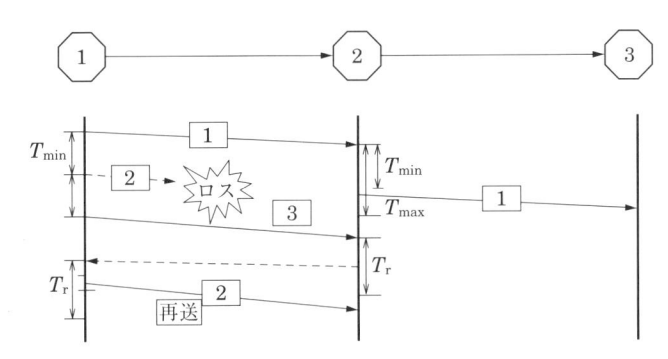

図 3.33 PSFQによるデータ配送

3.4.2 輻輳制御

　膨大な数のノードから少数の観察者に向けて情報が通知されるようなセンサネットワークでは，情報量が増えるに連れてデータがネットワークの許容量を越えてしまう［3.41］．特に特定のイベントを観察するようなセンサネットワークでは，イベントが発生した場所で局所的にトラフィックが飽和する可能性も考えられる．センサネットワークはインターネットと同様にネットワーク資源が予約されていないため，ネットワークの輻輳を回避する仕組みが必要となる［3.45, 3.51］．

　Fusion［3.52］は，ホップごとのフロー制御，転送制限，優先度MACアクセス方式の3通りの仕組みで実現する，センサネットワーク用の輻輳制御方式である．センサネットワークにおける輻輳制御技術は，まだ模索段階である．Fusionは，想定アプリケーションや想定通信デバイスなどで制限があり，すべての環境で利用できるわけではないが，センサネットワークの輻輳制御の方向性と可能性を示した点で重要である．

　ホップごとのフロー制御では各ノードが出力キューの状態をモニタし，キューの空き容量がキュー全体の25％以下になった場合に輻輳状態と認識し，出力パケットに輻輳ビットを付加して送る．図3.34を用いてFusionの処理のイメージを説明する．ノードAとBからのデータをノードDに中継するノードCが輻輳状態を認識して，輻輳ノードとなったと仮定する．ノードCがノードDに向けて送信する輻輳ビットが付加したパケットは，無線電波到達距離内のノードAとBにも届くことになる．このパケットをモニタすることにより，ノードAとBはノードCが輻輳状態であることを知ることができる．上流のノードCが輻輳状態であることを検知すると，ノードAとBはノードCへの送信量を減少させるのであるが，送信を完全に停止してしまうと，ノードAやBにパケットを送っているさらに下流のノードがノードAやBの輻輳状態を検知できなくなってしまう．そのため，ノードCがパケットを一つ送信するたびに，ノードAとBもノードCに対してパケットを一つ送信する．

　転送制限は，特定の下流ノードが帯域を占有しないように，公平な帯域利用を

実現するためのものである．上記のホップごとのフロー制御とは独立して動作する．具体的には，各ノードは送信先のノードがいくつの下流ノードからパケットを受信しているのかを調べる．たとえば，ノードCはノードAとBの2台のノードからパケットを受信している．ノードAとBは，ノードCが送信するパケットをモニタすることによって知ることができる．ノードAとBはトークンを管理し，ノードCが2個パケットを送信するたびにトークンを一つ増加させる．トークンを増加させるパケットの数は，下流ノードの数と等しく設定する．各ノードは，トークンがある場合にのみパケットを送信でき，送信するとトークンを一つ減少させる．

さらにFusionでは，次のようなMAC層の優先制御を採り入れている．CSMAでは，フレームの衝突が起こるとランダム時間待機してから再度送信を試みる．このランダム時間は，バックオフウィンドウと呼ばれるウィンドウにより制限されており，このウィンドウの値は再送の度に指数的に増加する．Fusionでは，輻輳ノードのバックオフウィンドウを通常の4分の1に設定する．このことにより，輻輳ノードは非輻輳ノードと比較して高い確率で通信媒体を利用することが可能となる．

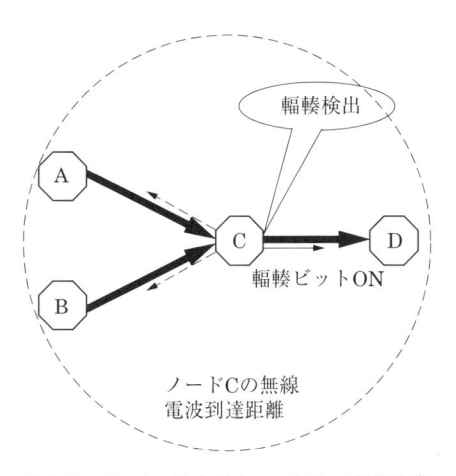

図 3.34　Fusionによるホップごとの輻輳制御

参考文献

[3.1] D.Mills, "Network Time Protocol (Version3) Specification, Implementation", RFC-1305, 1992

[3.2] D.L.Mills, "Internet Time Synchronization : The Network Time Protocol", IEEE Transactions on Communications ", Vol.39, No.10, 1991

[3.3] J.Elson, L.Girod, and D.Estrin, "Fine-grained Network Time Synchronization using Reference Broadcasts", Proceedings of the ACM Symposium on Networked Embedded Systems (SenSys), 2003

[3.4] S.Ganeriwal, R.Kumar, and M.B.Srivastava, "Timing-sync Protocol for Sensor Networks", Proceedings of the Fifth Symposium on Operating Systems Design and Implementation (OSDI), 2002

[3.5] N.Priyantha, A.Chakraborty, and H.Balakrishnan, "The Cricket Location-Support System", Proceedings of ACM / IEEE MOBICOM '00, 2000

[3.6] P.Bahl and V.Padmanabhan, "RADAR : An In-Building RF-Based User Location and Tracking System", Proceedings of the IEEE Infocom, 2000

[3.7] J.Hightower, R.Want, and G.Borriello, "SpotON : An indoor 3D location sensing technology based on RF signal strength", UW CSE 2000-02-02, University of Washington, Seattle, WA, 2000

[3.8] A.Harter, A.Hopper, P.Steggles, A.Ward, and P.Webster, "The Anatomy of a Con-text-Aware Application", Proceedings of ACM / IEEE MOBICOM '99, 1999

[3.9] T.He, C.Huang, B.M.Blum, J.A.Stankovic, and T.F.Abdelzaher, "Range-Free Localization Schemes in Large Scale Sensor Networks", Proceedings of ACM / IEEE MOBICOM '03, 2003

[3.10] N.Bulusu, J.Heidemann, and D.Estrin, "GPS-less Low Cost Outdoor Localization for Very Small Devices", IEEE Personal Communications Magazine, Vol.7, No.5, 2000

[3.11] W.Heinzelman, J.Kulik, and H.Balakrishnan, "Adaptive Protocols for Information Dissemination in Wireless Sensor Networks", Proceedings of ACM/IEEE MOBICOM '99, 1999

[3.12] K.Sohrabi and G.Pottie, "Performance of a Novel Self-Organization Protocol for Wireless Ad Hoc Sensor Networks", Proceedings of the IEEE 50th Vehicular Technology Conference (VTC), 1999

[3.13] K.Sohrabi, J.Gao, V.Ailawadhi, and G.Pottie, "Protocols for Self-Organization of a Wireless Sensor Network", IEEE Personal Communications, Vol.7, No.5, 2000

[3.14] A.Woo and D.Culler, "A Transmission Control Scheme for Media Access in Sensor Networks", Proceedings of ACM / IEEE MOBICOM '01, 2001

[3.15] W.Ye, J.Heidemann and D.Estrin, "An Energy-Efficient MAC Protocol for Wireless Sensor Networks", Proceedings of the IEEE Infocom, 2002

[3.16] T.Dam, and K.Langendoen, "An Adaptive Energy-Efficient MAC Protocol for Wireless Sensor Networks", Proceedings of the ACM Symposium on Networked Embedded Systems (SenSys '03), 2003

[3.17] W.Heinzelma, A.Chandrakasan, and H.Balakrishnan, "Energy-Efficient Communication Protocol for Wireless Microsensor Networks", Proceedings of Hawaiian International Conference on Systems Science (HISS '00), 2000

[3.18] W.Ye, J.Heidemann and D.Estrin, "Medium Access Control with Coordinated Adaptive Sleeping for Wireless Sensor Networks", IEEE / ACM Transactions on Networking, 12(3), pp.493-506, 2004

[3.19] C.Schurgers, V.Tsiatsis, S.Ganeriwal, and M.Srivastava, "Optimizing Sensor Networks in the Energy-Latency-Density Design Space", IEEE Transactions on Mobile Computing, Vol.1, No.1, 2002

[3.20] X.Xu, J.Heidemann and D.Estrin, "Geography-Informed Energy Conservation for Adhoc Routing", Proceedings of ACM / IEEE MOBICOM '01, 2001

[3.21] B.Chen, K.Jamieson, R.Morris, and H.Balakrishnan, "Span : An Energy-Efficient Coordination Algorithm for Topology Maintenancein Ad Hoc Wireless Networks", Proceedings of ACM / IEEE MOBICOM '01, 2001

[3.22] T.Clausen, and P.Jacquet, "Optimized Link State Routing Protocol (OLSR)", RFC-3626, 2003

[3.23] D.Johnson, D.Maltz, and Y.-C.Hu, "The Dynamic Source Routing Protocol for Mobile Ad Hoc Networks (DSR)", draft-ietf-manet-dsr-09.txt, 2003

[3.24] R.Ogier, F.Templin, and M.Lewis, "Topology Dissemination Based on Reverse-Path Forwarding (TBRPF)", RFC3684, 2004

[3.25] C.Perkins, E.Belding-Royer, and S.Das, "Adhoc On-Dem and Distance Vector (AODV) Routing", RFC3561, 2003

[3.26] F.Ye, H.Luo, J.Cheng, S.Lu and L.Zhang, "A Two-Tier Data Dissemination Model for Large-Scale Wireless Sensor Networks", Proceedings of ACM / IEEE MOBICOM '02,

2002

[3.27] W.Heinzelman, A.Chandrakasan, and H.Balakrishnan, "Energy-Efficient Communication Protocol for Wireless Microsensor Networks", Proceedings of the 33rd International Conference on System Sciences (HICSS'00), 2000

[3.28] J.Heidemann, F.Silva, C.Intanagonwiwat, R.Govindan, D.Estrin, and D.Ganesan, "Building Efficient Wireless Sensor Networks with Low-Level Naming", Proceedings of the 17th ACM Symposium on Operating Systems Principles (SOSP'01), 2001

[3.29] G.Finn, "Routing and Addressing Problems in Large Metropolitan-Scale Internetworks", Tech. Rep. ISI/RR-87-180, Information Sciences Institute, 1987

[3.30] P.Bose, P.Morin, I.Stojmenovic and J.Urrutia, "Routing with Guaranteed Delivery in Ad Hoc Wireless Networks", Workshop on Discrete Algorithms and Methods for Mobile Computing and Communications, 1999

[3.31] F.Kuhn, R.Wattenhofer and A.Zollinger, "Worst-Case Optimal and Average-Case Efficient Geometric Ad-Hoc Routing", Proceedings of ACM / IEEE MOBICOM'03, 2003

[3.32] B.Karp, and H.T.Kung, "GPSR : Greedy Perimeter Stateless Routing for Wireless Networks", Proceedings of ACM / IEEE MOBICOM'00, 2000

[3.33] J.Gao, L.Guibas, J.Hershberger, L.Zhang and A.Zhu, "Geometric Spanners for Routingin Mobile Networks", Proceedings of ACM MOBIHOC'01, 2001

[3.34] D.Couto, D.Aguayo, J.Bicket and R.Morris, "A High-Through put Path Metric for Multi-Hop Wireless Routing", Proceedings of ACM / IEEE MOBICOM'03, 2003

[3.35] K.Seada, M.Zuniga, A.Helmy and B.Krishnamachari, "Energy-Efficient Forwarding Strategies for Geographic Routing in Lossy Wireless Sensor Networks", Proceedings of ACM SenSys'03, 2003

[3.36] C.Intanagonwiwat, R.Govindan, and D.Estrin, "Directed Diffusion : A Scalable and Robust Communication Paradigm for Sensor Networks", Proceedings of ACM / IEEE MOBICOM'00, 2000

[3.37] B.Krishnamachari, D.Estrin, and S.Wicker, "The Impact of Data Aggregation in Wireless Sensor Networks", Proceedings of International Workshop on Distributed Event-Based Systems 2002

[3.38] S.Madden, M.Franklin, J.Hellerstein, and W.Hong, "TAG : a Tiny Aggregation Service for Ad-Hoc Sensor Networks", Proceedings of the Fifth Symposium on Operating Systems Design and Implementation (OSDI), 2002

[3.39] W.Adjie-Winoto, E.Schwartz, H.Balakrishnan, and J.Lille, "The Design and Impleme-ntation of an Intentional Naming System", Proceedings of the 17th ACM Symposium on Operating Systems Principles (SOSP'99), 1999

[3.40] M.Esler, J.Hightower, T.Anderson, and G.Borriello, "Next Century Challenges : Data-Centric Networking for Invisible Computing", Proceedings of ACM / IEEE MOBICOM'99, 1999

[3.41] S.Tilak, N.Abu-Ghazaleh and W.Heinzelman, "Infrastructure Tradeoffs for Sensor Networks", Proceedings of WSNA'02, 2002

[3.42] B.Sibbald, "Use Computerized Systems to Cut Adverse Drug Events : Report", Canadian Medical Association Journal (CMAJ), Vol.164, No.13, 2001

[3.43] S.Ratnasamy and et.al., "Data-Centric Storage in Sensornets", First Workshop on Sensor Networks and Applications (WSNA), 2002

[3.44] J.Newsome, and D.Song, "GEM : Graph Embedding for Routing and Data-Centric Storage in Sensor Networks without Geographic Information", Proceedings of the ACM Symposium on Networked Embedded Systems SenSys, 2003

[3.45] C.Y.Wan, S.B.Eisenman and A.T.Campbell, "CODA : Congestion Detection and Avoidance in Sensor Networks", Proceedings of the ACM Symposium on Networked Embedded Systems (SenSys'03), 2003

[3.46] M.Weiser, "Computer of the 21st Century, in Scientific American", Vol.265, 1991

[3.47] Z.Fu, P.Zerfos, H.Luo, S.Lu, L.Zhang, and M.Gerla, "The Impact of Multihop Wireless Channel on TCP Through put and Loss", Proceedings of the IEEE Infocom, 2003

[3.48] C.Y.Wan, A.T.Campbell and L.Krishnamurthy, "PSFQ : A Reliable Transport Protocol for Wireless Sensor Networks", Proceedings of WSNA'02, 2002

[3.49] F.Stann and J.Heidemann, "RMST : Reliable Data Transport in Sensor Networks", Proceedings of SNPA'03, 2003

[3.50] S.Park, R.Vedantham, R.Sivakumar, and I.Akyildiz, "A Scalable Approach for Reliable Downstream Data Delivery in Wireless Sensor Networks", Proceedings of ACM MOBIHOC'04, 2004

[3.51] Y.Sankarasubramaniam, O.B.Akan, and I.F.Akyildiz, "ESRT : Event-to-Sink Reliable Transport in Wireless Sensor Networks", Proceedings of the ACM Symposium on Mobile Ad Hoc Networking and Computing (MobiHOC), 2003

[3.52] B.Hull, K.Jamieson and H.Balakrishnan, "Mitigating Congestion in Wireless Sensor Networks", Proceedings of ACM SenSys'04, 2004

第4章
センサデータ情報処理

　センサネットワークの主なサービスは，観測データの問合せである．そのため，クライアントからの問合せに対して迅速にセンサデータを提供することが求められる．また，必要に応じてデータ集約，状況解釈，マイニングなどの高度なサービスを提供することが必要である．よって，これらのサービスは永続的で，動的な環境変化に対してロバストかつ適応的である必要がある．

　問合せサービスにおいては，データベースに似たインタフェースが提供されている．クライアントはセンサネットワーク全体を一つのデータベースとして扱うことができるので，利便性が高い．問合せの処理方法（ネットワーキング）は，前提とするセンサネットワーク（センサノード）によって要求仕様が異なる．今日では，センサネットワークを構成するノードには大きく分けて，小型で軽量なモート（「ほこり，塵」の意味）型のものと，PCに接続したカメラやマイクなどの高機能なものの二つに分かれる．前者としてはカリフォルニア大学バークレー校で研究開発されているMOTE［4.1］などがあるが，限られたリソースを有効活用してネットワークの寿命を高めるための省電力プロトコル，フラッディング型のルーティング，ネットワーク上での情報伝播と同時にデータ集約などの処理を行う処理（in-network processing）などがポイントとなる．後者の高機能なセンサノードを用いたシステムとしては，Intel社で研究されているIrisNet［4.2］などがある．これらの研究では，インターネット規模のセンサネットワーキング，オープンアーキテクチャ，QoS（Quality of Service）などがポイントとなる．

　最後に，センサネットワークの情報処理を語る上では，ターゲットとするサービスイメージが重要である．そこで本章では，センサネットワークが切り開く新

しいサービスインフラとしての位置付けを明確にした上で，センサネットワークの基本サービスである問合せについて述べ，センサネットワークを用いたサービス構築のためのプログラム記述方法，およびサービス構築に関連する要素技術について述べる．

4.1　高度センサネットワーク環境

　従来のデスクトップ型のコンピュータが人間とコンピュータの2極間のアクティブなインタラクションを規定してきたのに対し，センサネットワークは人間，コンピュータ，自然環境の3極間のパッシブなインタラクションを規定する新しいコンピューティングのパラダイムを切り開く技術といえる．ここでアクティブなインタラクションとは，人間が意識的にコンピュータに働きかけてサービスを利用することを意味する．また，パッシブなインタラクションとは，人間が意識することなくコンピュータを用いたサービスを利用できる状態である．センサネットワークを用いれば，常時物理世界の状態を観測してデータをコンピュータで処理することにより，モニタリング対象の異常を検出してアラームを送る，環境特性に応じて機器を制御する，ユーザインタフェースを自動化するなど，人間に意識させることなく働く多様なサービスを実現することが可能となる．また，従来の人間とコンピュータの2極間のサービスの枠組を人間，コンピュータ，自然環境の3極間に拡張することにより，人間を取り巻く自然環境をも考慮したサービス提供が可能となるだろう．たとえば，ユーザの体調や天気のセンシングデータに応じて自動的に部屋の温度・湿度・照明を調整することにより，ユーザと自然環境に配慮した快適空間の自動制御などが可能となる．これにより，ユーザは意識することなく自身と自身を取り巻く自然環境を共存させることができる．ここでは，上述のようなセンサネットワークを組み込んだ新しいネットワークサービスのインフラストラクチャのことを「高度センサネットワーク環境」と呼ぶ．

　図4.1に，高度センサネットワーク環境におけるコンピューティングパラダイムの関係を示し，以下に説明する．センサネットワークによって観測を行う対象

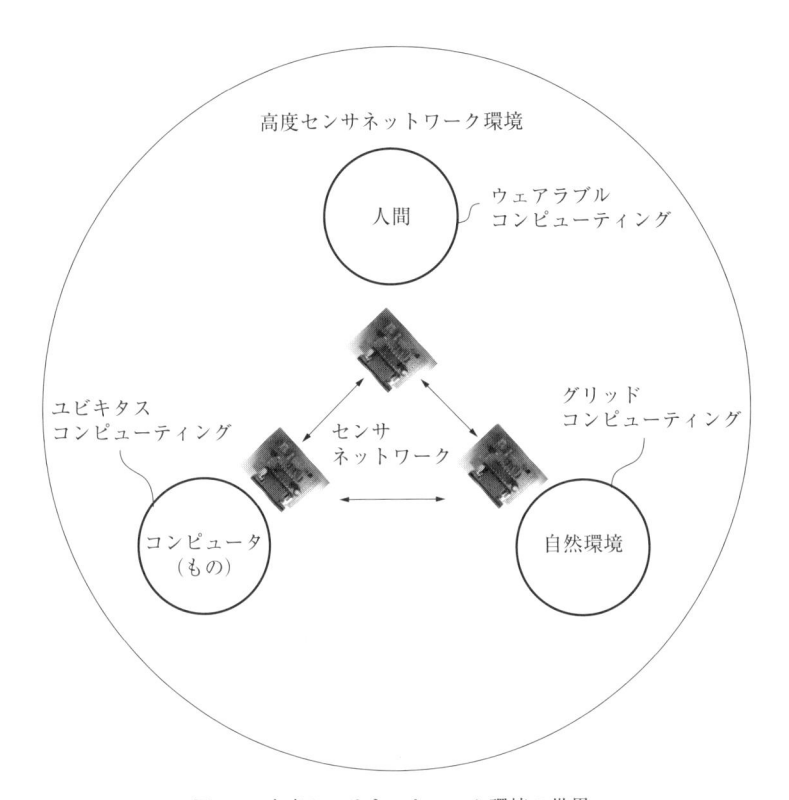

図 4.1 高度センサネットワーク環境の世界

は，人間，もの，自然環境を含む．現状では，それぞれの対象に対して以下のコンピューティングパラダイムが対応しているといえる．

- ウェアラブルコンピューティング [4.3] は，人間がコンピュータを装着しながら利用する世界である．人間が装着したセンサやコンピュータがネットワークに接続することにより，個人の観測データに応じた多様なサービスを提供することが可能となる．人間を観測するセンサネットワークに対応付けられる．
- ユビキタスコンピューティング [4.4] は，「もの」に埋め込まれた透過なコン

ピュータによって，いつでもどこでもコンピュータにアクセスし，空間ベースのサービスを提供するパラダイムである．「もの」を観測するセンサネットワークに対応付けられる．

- 自然環境の観測データの分析を行う例としては，SETI@HOME［4.5］のように，インターネットにつながっているコンピュータの処理能力を動的に配分するグリッドコンピューティングを用いて電波望遠鏡のデータを分析し，地球外知的生命体の探査（SETI）を行うものがある．また，自然と人間，自然と人工物（コンピュータ）のインタフェースを規定する「ネイチャインタフェース」という概念も提唱されている［4.6］．自然環境を観測するセンサネットワークに対応付けられる．

これらのマッピングは厳密には必ずしも正しいとは言えないかもしれないが，重要なのは，現在，独立のパラダイムとして捉えられがちなこれらの三つのパラダイムが，高度センサネットワーク環境においては互いに密接に連携し合い，人間，もの（コンピュータ），自然環境を対等に結ぶインフラを形成するであろうという点である．そしてこのとき，人間を取り巻くもの（コンピュータ），自然環境を含めたトータルなサービス制御が可能となることにより，これらの真の共生が可能となると期待される．

それでは，高度センサネットワーク環境の根幹となるセンサネットワークを実現するためのソフトウェアに話を移そう．まず，前提とするセンサネットワークの構成と情報処理の基本となる「データセントリック」の考え方について述べる．

センサネットワークは，クライアントとなるPC，データベース，莫大な数のセンサノードから構成される．クライアントは，センサデータの問合せを発行する．データベースはネットワーク上にあり，センサネットワークから得られたデータを蓄積する．センサノードは無線マルチホップ通信を行う．一般にセンサネットワークでは，ノードの数が莫大でネットワークトポロジも動的に変化するため，特定のセンサデバイスをIDにより指定してネットワークアクセスすることは困難であると同時に意味をなさない．むしろ，「このビルの計算機室の気温デ

ータ」,「誰も人がいない部屋の照度データ」など,取得したいデータの属性を指定するだけでその情報源であるセンサデバイスにアクセスできるデータセントリックな手法が有効である.この場合,センサノードへのアクセスは,アプリケーションレベルで提供される属性データ(「このビルの計算機室」)やセンサデータ値(「部屋における人の有無」)を参照しながら行う必要がある.

図 4.2 に,センサネットワークを構成するソフトウェアのサブシステムを示し,以下に説明する.これらは,主要なサブシステムの構成を示すものであり,階層化することを意図してはいない.

- 物理層サブシステムは,デバイスおよび無線機器から構成される.これらはバッテリーで駆動する.
- 無線 MAC 層サブシステムはセンサ間の接続を行う.省電力化のため,通常,センサデバイスは近傍のデバイスとの間で近距離通信を行う.
- パケット送信サブシステムは情報伝播のための基本機能として,フラッディング,地理的 (geographic) ルーティングなどによりマルチホップ通信を行う.
- ローカル信号処理サブシステムは,センサデバイスが取得した波形データを,センサネットワーク内で扱う粒度の大きいデータ(イベント)に変換する.イベントは,イベントタイプ,タイムスタンプ,信号強度,データの確信度

アプリケーション
イベント処理(問合せなど)
データセントリックルーティング
ローカル信号処理
パケット送信(フラッディング,地理的ルーティング)
無線MAC層(トポロジ管理)
物理層(センサ,無線)

図 4.2 センサネットワークのサブシステム

（confidence）などの属性を持つ．
- データセントリックルーティングサブシステムは，アプリケーションレベルでイベントのルーティングを行う．
- イベント処理サブシステムは,他のセンサから受信したイベントを処理する．イベントの例としては，「問合せ」「ルーティングツリーの生成」などがある．また，小型でリソース制約の大きいセンサノードでは，低消費電力化に向けたデータ量の削減を行うために,センサノード間でデータを伝播すると同時にネットワーク内でデータの集約を行う場合が多い（in - network aggregation）．
- アプリケーションサブシステムは，イベント処理のインタフェースを用いてアプリケーションのコマンドを実行する．複数のアプリケーションに対して共通的な処理は，サービスとしてモジュール化することもある．

4.2　問合せ記述

センサネットワークは，ユーザにとっては環境観測データベースの役割を果たす．よって，ユーザにはセンサネットワークの詳細な構成（センサの位置，データフォーマット）を隠蔽し，より直感的なデータアクセスを可能とするインタフェースを提供することが重要である．このため，センサネットワークでは名前情報［4.7］やSQL［4.8］のような高度な言語を用いたデータアクセス手段を提供することが望ましい．

名前情報を用いたアプローチ［4.9］では，問合せの対象となるデータを属性,値，演算子の組により指定し，メッセージタイプinterestにより問合せの種類を規定する．たとえば，location＝［(100, 100)，(10, 200)］，temperature＝［10, 20］と指定することにより，指定した場所に含まれるセンサの中から指定した範囲の温度を測定しているセンサからの応答を得る．名前情報を用いたアプローチでは，問合せの伝播をアプリケーションレベルで行うものが多い．関連情報については4.4節で述べる．

TinyDB [4.10] やCougar [4.11] ではセンサネットワークをデータベースと捉えて，センサネットワークに対する問合せをSQLのような宣言的な言語を用いて記述する．これらのアプローチでは，センサネットワークに対して仮想的なテーブルが作成される．一つのセンサデータは属性値の組（タプル）として表現され，新しいデータが生成されるとテーブルに追加される．TinyDBでは，問合せは通常のSQL文と同じようにSELECT‐FROM‐WHERE構文によって記述されるが，センサネットワーク特有のSAMPLE INTERVAL節を用いて各センサに対するサンプリング間隔を指定できる．TinyDBにおける問合せの例を次に示すが，ここではテーブル"$sensors$"の属性として$nodeid$（センサID），$light$（照度），$temp$（温度），loc（位置），$timestamp$（時刻）を想定し，これらの属性値の組によって各センサデータが表現されるものとする．

```
SELECT nodeid, light, temp
    FROM sensors
    WHERE loc IN(0, 0, 100, 100)AND light >1000 lux
    SAMPLE INTERVAL 10s
```

この例では，10秒おきにサンプリングし，指定した場所に含まれている照度センサによる測定値が指定した値以上であるセンサについて，そのIDと照度，温度の計測値を通知することを要求している．

この他，XPATHを用いた問合せ表現なども実装されている [4.2]．

4.3　問合せ処理

センサネットワークでは，多数のセンサノードの間でマルチホップで問合せを転送して処理することにより，ある地域における観測情報を提供する．一般に，センサネットワークでは電源や通信帯域などのリソースに関する制約が大きく，ノードの故障や通信の切断によりトポロジが動的に変化するため，エネルギー消費を削減しつつロバストで適応的な問合せメカニズムが重要となる．さらにスケ

ーラビリティも重要である．また，利用面からは，センサデータの演算や統合などが必要である．問合せに関する研究としては，ネットワーキングの観点からデータセントリックやin-network processingを考慮したルーティングをターゲットとするものと，データベースの観点からセンサデータの問合せインタフェースや演算処理，データ統合などをターゲットとするものが多い．

4.3.1　フラッディング

センサネットワークにおける最も基本的な情報伝播方法は，フラッディングである．フラッディング方式では各ノードがブロードキャストによって情報を転送するため，情報はネットワーク全体に伝播する．図4.3にフラッディングによる問合せの基本的なアーキテクチャを示し，以下に説明する．

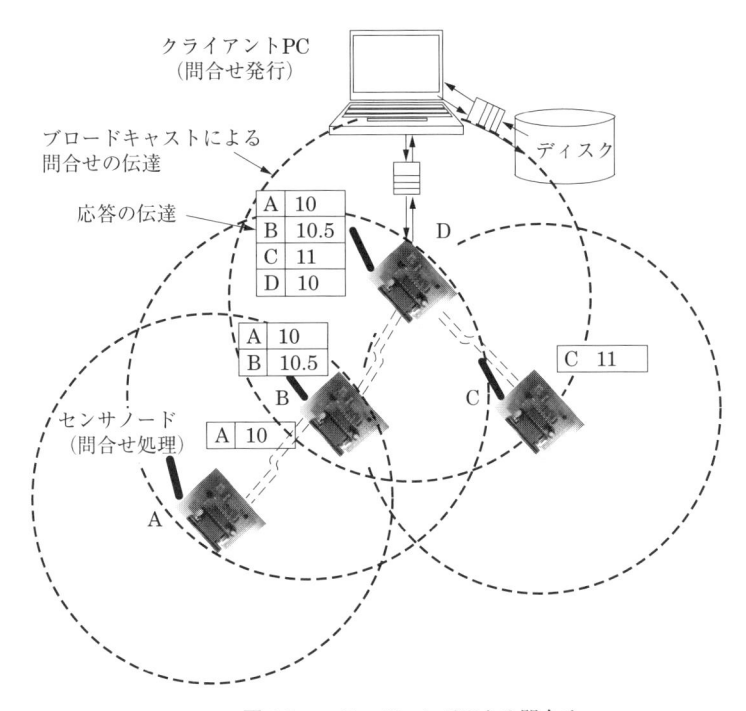

図4.3 フラッディングによる問合せ

問合せのメッセージを伝播する場合は，ルート（問合せ元）のセンサノードが宛先を識別できる情報（IDや位置属性など）とともに問合せをブロードキャストする．問合せを受信したノードは，自身が宛先にマッチする場合は問合せの処理を行い，応答を送信する．宛先にマッチしない場合は，問合せをブロードキャストによって転送する．このとき，同じ問合せを複数のノードから受信することを防ぐために，パケットの二重受け取りを検出して抑制する手法を用いる．また，各ノードは，問合せに対する応答を伝達するための経路情報として，問合せ送信元のノードを記録する．他のノードからの応答を受信すると，経路情報を参照して問合せ要求元に向かう方向に転送することにより応答を伝達する．図4.3では，クライアントから宛先任意で問合せを行った場合の応答の様子を示している．ノードA，B，Cは，それぞれノードB，D，Dを経路情報として記録する．ノードAの問合せ結果がノードBに伝達され，ノードBは自身の問合せ結果とともにノードDに結果を伝達する．同様にノードCは，結果をノードDに伝達する．ノードDは，ノードBとノードCから送られてきた結果と自身の結果を合わせてクライアントに伝達する．

4.3.2　ルーティングツリーの構築

フラッディングは最もシンプルな問合せ伝播手段であるが，ネットワークを流れるメッセージ数の増加やセキュリティの低下を招くデメリットがある．これをカバーするためには，ブロードキャストの代わりに必要な方向に絞って情報を転送することが必要である．特定の方向にだけ情報を伝播するためにはルーティングが必要となる．センサネットワークにおけるルーティング方法として最も基本的なものは，ルーティングツリーを構築する手法である．ルーティングツリーは，情報の受信側となるノードをルートとし，情報源となるノードをリーフとするツリーである．リーフからルートに情報を送りたい場合，リーフは自身の親ノードに情報を転送する．親ノードが更に親ノードに情報を転送することにより，ルートに向かってツリーをさかのぼり，最終的にはルートに情報が伝達される．ルーティングツリーを用いた典型的な問合せ処理の流れは次のとおりである．

問合せ元のノードが，フラッディングにより問合せパケットを送信する．この過程において，問合せ元をルートとするルーティングツリーを構築する．問合せパケットを受信した情報源のノードは，ルーティングツリーを参照して親ノードを介してルートに応答を送信する．ルーティングツリーを用いた問合せシステムとしては，カリフォルニア大学バークレー校のTinyDB［4.10］，コーネル大のCougar［4.11］などがある．

次に，センサネットワークにおけるルーティングツリーの構築方法を説明する．

ルーティングツリーのルートとなるノードは，ルーティングツリー構築のパケットをフラッディングによりネットワーク全体に送信する．このパケットには，パケットの送信元ノードのIDとルートからの距離（レベル）Lが含まれる．パケットを受信したノードは，自身のレベルを調べる．この値が未設定であるか$L+1$より大きい場合は，自身のレベルに$L+1$をセットし，パケットの送信元に自身のIDとレベルをセットして転送（ブロードキャスト）する．そして，パケットの送信元のノードを親ノードとして記録する．この処理をすべてのノードについてレベルと親ノードが割り当てられるまで繰り返すことにより，ルーティングツリーが構築される．ルートノードがルーティングツリー構築パケットを定期的に流すことにより，ルーティングツリーを継続的に更新する．これにより，トポロジの変化やノードの追加や削除に対しても適応することができる．

4.3.3　データセントリックルーティング

冒頭で述べたとおり，センサネットワークではアプリケーションレベルの情報を用いたデータセントリックな問合せが有効である．データセントリックなセンサネットワークの例としては，南カリフォルニア大学のDirected Diffusion［4.9］（以下Diffusionとする）がある．Diffusionの特徴は，問合せを*interest*メッセージを用いて記述する点である．この*interest*は，属性と値のペアから構成される（Diffusionではこのようなデータを"named data"と呼んでいる）．下記に*interest*および応答の記述例をそれぞれ示す．この問合せでは，長方形の地域において動物の検出に興味があることを表している．そして動物を検出した場合に

4.3 問合せ処理

は，20ミリ秒の間隔で10秒間応答（イベント）を返すことを指示している．これに対する応答として，象を検出した場所，確からしさ，信号強度，時刻などの情報を含むイベントを返している．

```
type = four-legged animal     ：4本足の動物の場所を特定する
interval = 20ms               ：20ミリ秒ごとにイベントを受ける
duration = 10seconds          ：10秒の間
rect = [-100, 100, 200, 400]  ：四角形の中にあるセンサから

type = four-legged animal     ：抽出した動物のタイプ
instance = elephant           ：抽出した動物のインスタンス
location = [124, 220]         ：センサノードの位置
intensity = 0.6               ：信号の強さ
confidence = 0.85             ：照合の確からしさ
timestamp = 01:20:40          ：イベント生成時刻
```

図4.4にDiffusionにおけるデータセントリックなルーティングについてに示し，以下に説明する．

① *interest*は問合せ元のノード（シンク: sink）によって生成され，マルチホップでセンサネットワークを伝播する．このとき，*interest*にマッチするデータを持たないノードに限りメッセージを近隣のノードに転送する．*interest*の転送先は，*interest*のデータとノードの属性に基づいて決定される（データセントリックルーティング）．たとえば，位置属性に基づいて転送する場合は*interest*で指定された場所に含まれるノードを選択する．

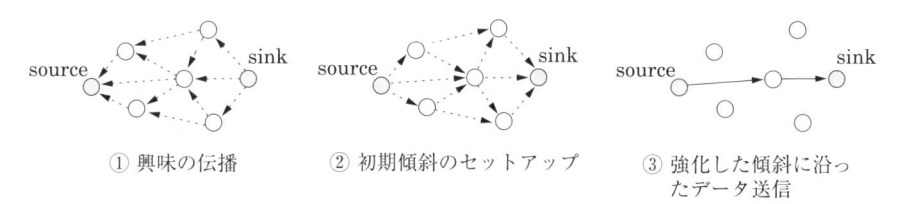

① 興味の伝播　　② 初期傾斜のセットアップ　　③ 強化した傾斜に沿ったデータ送信

図4.4　Diffusionにおける問合せのプロセス

② 各ノードは，メッセージを転送すると同時にルーティングテーブルを構築する．Diffusionでは，ノードは自身が受信した*interest*に対応付けて送信元ノードに関する情報を記録する．この情報のことを"傾斜"とよぶ．傾斜は，時間とともに消滅する．

③ *interest*にマッチするデータを持つノード（情報源: source）は，応答を生成して送信する．応答は，ルーティングテーブルに基づいてシンクに向かってマルチホップで伝播される．

4.3.4　ネットワーク内データ集約

センサネットワークでは通信は最もエネルギー消費量の高い操作であるため，すべての問合せ結果を伝播するとエネルギー効率の低下を招く．このため，問合せ結果を伝播すると同時にデータ集約を行うことにより，できるだけメッセージの数を削減することが重要である．また，通信の信頼性が低いことから，ロバスト性を保つことが要求される．ネットワーク内でのデータ集約に関する研究では，主として部分結果が流れる集約木を構築するという手法が取られる．木において，子の結果を集約して親に伝えることで，情報量を削減する．図4.5にデータ集約の例を示し，次に説明する．情報源A，B，C，Dからシンクへ向かう方向にツ

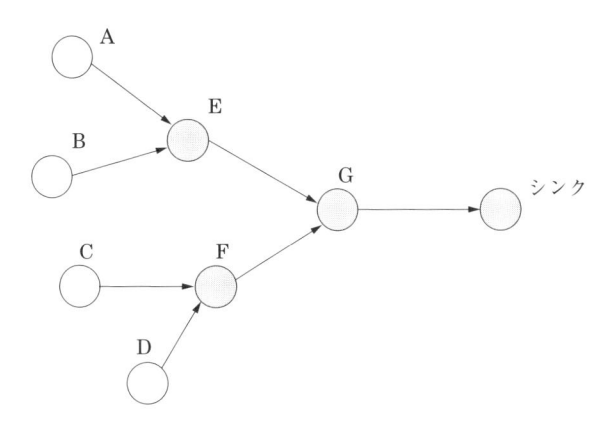

図 4.5　情報集約の例

リーが構成されているものとする．このとき，A, BからEへ送信されたデータはEで，C, DからFに送信されたデータはFにおいて集約される．E, FからGに送信されたデータはGにおいて集約され，この結果がGからシンクへ送信される．このように，ネットワーク上で情報を1回転送するたびに，他のノードからの情報がある場合には情報を集約しながら伝播することにより，各ノードは高々1回情報を転送するだけで全体としての統計情報を得ることができる（in-network processing）．たとえばアプリケーションにおいてある場所における日陰の平均気温を求める場合には，リーフのセンサノードにおいて条件に合うセンサデータがある場合にこれをツリーに基づいて次のノードに送信し，同ノードに他のノードから送信がある場合にはこれと集約することにより，最終的に問合せを満たす統計情報（平均気温）を得る．

　ネットワーク内データ集約を実現するシステムとしては，前述のDiffusionが該当する．Diffusionは，ルーティングにより特定の情報を特定の方向に伝播し，ノードにおいてデータの加工（例えばデータ集約）を行う．その際に，局所的なアルゴリズムを使って情報伝播のレイテンシが低くなるようにルーティングツリーを構築する［4.12］．このルーティングツリーにおいて，異なる情報源からシンクに向かうツリーに対して，情報源からシンクに向かうパスが最初に重なるノードを検出し，これらの異なる情報源からのデータを集約して一つのデータを生成する．これに対して文献［4.13］では，省電力化に向けて最適化した集約ツリーの構築手法を提案している．具体的には，複数の情報源がある場合に，最初の一つの情報源についてのみ最短パスによるツリーを構築し，残りの情報源はこのツリーにおける最も近いノードに接続する．ちなみに，ルーティングと同時にデータの加工を行うという考え方は，アクティブネットワーク［4.14］の研究において最初に提案された．アクティブネットワークによりネットワークは，単にエンドエンドのサービスを提供するものから情報処理サービスを提供するものへと進化したと言える．

　一方，データベース的な観点から，データ集約をSQL形式のオペレーションの一部として位置付けて，様々な研究が行われている．文献［4.15］ではデータ

集約のためのSQLオペレーションとして，COUNT, MIN, MAX, SUM, AVERAGEの五つをあげ，これらの実装に関して，メッセージの削減とネットワークの切断に対するロバスト性を考慮した最適化手法として，パイプライン集約 (pipeline aggregation) と仮説テスト手法 (hypothesis test) を提案している．一般にデータ集約では，ネットワークが切断すると一部の情報源からのデータが取得できなくなるため，集約結果の精度が悪くなる．これを回避するためには，複数回データ集約を行うことで正しい結果を推定する方法が考えられるが，繰り返しの分だけデータ集約のメッセージ量が増加するという欠点がある．パイプライン集約ではノードの処理時間の単位をiとし，iの間に各ノードは子ノードから受け取ったデータを集約し，親ノードに送信する処理を1回だけ行う．図4.5のトポロジにおいて，パイプライン集約の例を次に説明する．

時刻tにおいて，各ノードは自身のデータを親ノードに送信する．その際に，時刻$t-i$において子ノードから受信したデータがある場合には，データを集約し結果を送信する．次に，時刻tにおける各ノードのデータを$d(node)_t$と表し，動作例を説明する．情報源A, Bは自身のデータ$d(A)_t$, $d(B)_t$を親ノードであるEに送信する．同様に，情報源C, Dは自身のデータ$d(C)_t$, $d(D)_t$を親ノードであるFに送信する．Eは，時刻$t-i$においてA, Bから受信したデータ$d(A)_{t-1}$, $d(B)_{t-1}$と自身のデータ$d(E)_t$を集約して，親ノードのGに送信する．Fは，時刻$t-i$においてC, Dから受信したデータ$d(C)_{t-1}$, $d(D)_{t-1}$と自身のデータ$d(F)_t$を集約して，親ノードのGに送信する．Gは，時刻$t-i$においてE, Fから受信したデータ$d(E)_{t-1}$, $d(F)_{t-1}$と自身のデータ$d(G)_t$を集約した結果を親ノードのシンクに送信する．すなわち，データは末端のノードからシンクに向かってパイプライン状に集約される．この手法では，間隔iで次々とデータが伝播されるため，仮にあるノードで時刻tにデータ集約のメッセージが失われても，時刻$t+i$までには子ノードから次のデータ集約のメッセージが送られてくるため，データ集約を再開することができる．この手法では，1回の集約におけるメッセージ数が通常のデータ集約に比べて多くなる欠点があるが，仮説テスト手法などの最適化を行うことにより抑制することができる．仮説テスト手法では，最初は一部のパス

(たとえばA，B，E，G)に対してだけデータ集約を行い，その結果を全体に周知する．このとき，周知されたデータ集約結果と異なるデータを持っている情報源だけが応答を返すことにより，データ集約のメッセージ量を削減する．

4.3.5 センサデータベースに対する宣言的問合せ

　データベースの分野では，センサネットワークに対する問合せを宣言的に記述するアプローチが見られる [4.10, 4.11, 4.16, 4.17, 4.18]．SQLのような宣言的問合せ言語 (declarative query language) を用いることで，MOTEやTinyOSなどのハードウェアやオペレーティングシステムの詳細を知らなくても，リレーショナルデータベースに対する問合せを記述する場合と同じように各センサに対する問合せを記述することができる．これらのアプローチでは，センサネットワークを構成する各センサノードから得られるデータを集中管理するデータベースシステムは想定していない．むしろ各センサノードをデータベースサイトと考え，センサネットワークを多数のデータベースサイトから構成される分散データベースと捉えている．このようなセンサデータベースに対する問合せ処理は，一般に次の手順から構成される．

① 問合せの最適化 (query optimization)
② 問合せの分配 (query dissemination)
③ 問合せの実行 (query execution)

　センサネットワークへの問合せ (クエリ) に対して，まず問合せ最適化が行われ，各センサノードで実行されるクエリプランが作成される．問合せの最適化はセンサネットワークに関するメタデータ（センサの位置情報や消費電力，サンプリング間隔，ネットワークのトポロジなど）に基づいて行われ，各クエリプランはデータベース演算の系列として表現される．生成されたクエリプランはセンサネットワークを構成するセンサノードに転送され，各ノード上で実行される．その結果，問合せ処理は各センサノード上で分散・並行して行われることになる．前節のようなセンサネットワーク内集約 (in-network aggregation) の手法を用いた場合には，問合せ処理（集約処理）の結果はマルチホップでルートノードに

転送される [4.15, 4.19].

TinyDB [4.10] は，TinyOS 上で動作する問合せ処理のためのミドルウェアである．各 TinyDB に登録された問合せは，そのセンサノード上で継続的に実行される．たとえば4.3節で示したように，SAMPLE INTERVAL 節を用いてサンプリング間隔を指定することで能動的にセンサデータを要求し，その結果を通知させることができる．このサンプリングの間隔は epoch とも呼ばれ，EPOCH DURATION 節を利用して記述される場合もある．通信，電源，計算能力などのセンサネットワークの物理的な制約のもとで，消費電力を抑えながら各センサノード上の問合せ処理を継続的に長期にわたって行うためには，サンプリング間隔や通信間隔を指定することが効果的である．文献 [4.17] ではその議論をさらに進め，「いつ，どこで，どのような頻度でセンサデータを獲得し，配送するか？」といったセンサネットワークにおける獲得的 (acquisitional) な性質に注目し，Acquisitional Query Processing (ACQP) を提案している．ACQP では，サンプリングや集約演算だけでなく，window query, event-based query, lifetime-based query などの問合せを，電力消費を考慮して処理する方法について議論している．たとえば TinyDB の枠組を用いて，以下の問合せを処理することができる．

```
SELECT COUNT(*)
    FROM sensors As s, recentLight As rl
    WHERE rl.nodeid = s.nodeid AND s.light < rl.light
    SAMPLE INTERVAL 10s
```

概念的には，sensors は無限のセンサデータのストリームを表現しているが，実際にセンサノード上ですべてのタプルが保持されているわけではないため，SORT（並び替え）などのデータベース演算を実行することができない．この問合せ例においては，事前に recentLight という有限長のテーブルを作成しておき，指定した行数の中で最近のセンサデータを保持している．したがってこの例は，サンプリング間隔に指定した間隔で，センサデータ s が到着するたびにテーブル

$r1$ との結合演算を行い，過去の照度センサの値 $r1.light$ が $s.light$ より大きい行の数を通知することを要求している．

次の問合せ例は，音量データ ($volume$) を1秒間隔でサンプリングし，過去30秒間の平均値を5秒ごとに通知することを要求している．

```
SELECT WINAVG(volume, 30s, 5s)
    FROM sensors
    SAMPLE INTERVAL 1s
```

この例では，指定された区間のセンサデータを切り取るだけでなく，その切り取る区間を時間軸に沿って移動させている．このような問合せは一般に sliding window query と呼ばれ，4.3.6で述べるようにストリームデータに対して利用されることが多い．

Event-based query は，「巣の内部に鳥が存在するときの照度センサと温度センサの値を1分間隔で通知せよ」など，あるイベントが発生したときに行う処理を記述する問合せである．また，モニタリングアプリケーションでは一定期間センサノードを稼働させ続けることが重要となるが，次のように，LIFETIME 節を利用して各センサノードの動作期間を明示的に指定することができる．

```
SELECT nodeid,light
    FROM sensors
    LIFETIME 30 days
```

この例では指定した期間 (30日間)，センサ ID と照度センサの値を通知することを要求している．このような問合せは lifetime-based query と呼ばれ，LIFETIME 節を指定することによりより直接的に電力消費の問題を扱うことができる．ACQP はサンプリングや通信にかかる消費電力を計算し，その結果を考慮してクエリプランを生成することで，指定された期間中のセンサノード上の問合せ処理のスケジューリングを行っている．

Cougar [4.16] ではオブジェクトリレーショナルデータベースの考え方を導入し，センサデータの表現として抽象データ型 (Abstract Data Type: ADT) をサ

ポートしている．センサノードの種類ごとにセンサADTを定義し，各ノード上の信号処理（センサデータ処理）の関数を対応するセンサADTのメソッドとして定義する．ここで，センサデータのリレーションとして $R(loc\ point,\ floor\ int,\ s\ SensorNode)$ を考える．loc はセンサの位置，$floor$ はセンサの設置階数，s は気温センサ，$SensorNode$ は気温センサのADTを表す．このとき，たとえば「3階に設置してあるすべてのセンサによって計測される気温データを5分ごとに通知せよ」という問合せは，次のように記述できる．

```
SELECT R.s.getTemperature()
FROM R
WHERE R.floor=3 AND $every(60)
```

$getTemperature()$ は，$SensorNode$ のメソッドとして定義され，気温センサの測定値を返す．この例は非常に簡単な例であるが，より複雑なセンサデータ処理をメソッドとして定義することも可能である．

以上のように，TinyDBやCougarなどの宣言的問合せを用いたアプローチは，アプリケーションに応じて各センサノード上の問合せ処理を柔軟に記述できる．無線センサネットワークにおける問合せ処理では，センサデバイスに対する能動的なアクセスや他ノードとの通信を伴うが，宣言的な言語を用いることでそういったセンサネットワークの制約を考慮した問合せ処理をアプリケーション開発者が容易に記述できる．その観点では，宣言的な問合せを利用したアプローチはin-network processingと密接な関係にあり，単なるプログラミングインタフェースを提供しているというだけでなく，センサネットワーク上のリソースを有効に活用する手段を提供していると言える．

文献[4.18]では，これまでのセンサネットワークを対象とした研究は各センサノードが同じ性能を持つような同種（homogeneous）のネットワークを想定していたが，性能の異なるセンサノードから構成される異種（heterogeneous）のネットワークを想定した研究が必要であると述べている．たとえば，IrisNet[4.2]のような高度な処理能力を持つセンサノードを混在させることができれば，それ

らのノードにおいて複雑な集約処理や集約結果の蓄積を行うこともできるであろう．高い頻度で確実にデータを取得したい場合には，有線のセンサネットワークを混在させることも考えられる．異なるセンサノード，異なる通信媒体，さらにはそれらが広域ネットワークに接続されるような環境を考えた場合には，様々な層の異種性（heterogeneity）に対応した問合せ処理の仕組みが必要であろう．

さらに，センサネットワークに対して複数の問合せが発生する状況を考えた場合には，センサノードというリソースを共有することになるため，それらの問合せを最適化するという問題が生じる．問合せ最適化の観点では，動的に変化するセンサネットワークの情報をメタデータとして管理する方法についての議論も重要である．センサネットワークを時空間データベースとして捉えた場合には，センサネットワーク特有の制約を考慮しながら，時系列データを処理するための演算や空間データに対する集約演算をサポートする枠組に関する議論を進めることも必要であろう．

4.3.6 ストリームデータのデータベース演算

センサは，時系列的に連続したデータを出力するストリーム型の情報源である．ストリームデータを生成して発信する情報源としては，センサに限らずRFIDなどの電子タグ，株価データベース，ニュースや天気予報などのウェブサイト，さらには様々なセンサを搭載したロボットや自動車などが考えられる．これらのストリームデータを利用するアプリケーションでは，「5分ごとにサンプリングされる複数のデータを時間軸上で分析することにより状況の変化を予測する」など，莫大な数の時系列データを操作する必要が生じる．さらに，データをリアルタイムまたはリアルタイムに近いスピードで分析することにより，現在のデータから将来起きるであろう災害や故障の予兆を検出するニーズも大きい．

データベースの分野では，時々刻々と連続して到着するストリームデータのための問合せ処理やアーキテクチャに関する研究が盛んに行われている．代表的なプロジェクトとしては表4.1に示すものがあり，ストリーム処理に関する多くの論文が発表されている．

表4.1 代表的なストリーム研究プロジェクト

プロジェクト名	研究機関
STREAM [4.20]	スタンフォード大学
TelegraphCQ [4.21]	カリフォルニア大学バークレー校
NiagaraCQ [4.22]	ウィスコンシン大学マディソン校
Aurora [4.23, 4.24], Borealis [4.25]	ブラウン大学, ブランティス大学, マサチューセッツ工科大学

　ストリームデータに対する問合せ処理を行うシステムはデータストリーム管理システム(Data Stream Management System：DSMS), あるいはストリームプロセッサと呼ばれる. モニタリングなど継続的にデータを収集するアプリケーションに対して, DSMSではデータの到着ごとに問合せ(クエリ)を実行し, リアルタイムに処理結果を返答することが要求される. 従来型のデータベース管理システム(Database Management System：DBMS)を用いる場合には, 到着したデータはまずストレージに格納される. しかし, DBMSに対する問合せを行うたびに何度も繰り返しストレージにアクセスすることになるため, 連続して到着するデータに対してリアルタイムな応答を行うことが難しい. そこで多くのDSMSでは, ストリームデータに対する問合せを一度登録し, DSMS上でその問合せ処理を連続的かつ継続的に行う枠組を提供している. このような問合せは, 一般的に連続的問合せ(Continuous Query：CQ) [4.20, 4.21] と呼ばれている.

　連続的問合せは文献[4.20]で提案された考え方であるが, 当初は主にニュースサイトなどのインターネット上の動的に変化する情報源をモニタリングする枠組として研究が進められていた[4.21]. 現在では, インターネット上のデータリソースからセンサデバイスやスマートデバイスまで多岐にわたる情報源を対象として, それらの情報源からのストリームデータに対する連続的問合せに関する研究が多数行われている[4.22, 4.23, 4.24, 4.25].

　連続的問合せはストリームデータに対して繰り返し問合せ処理を行うため, 前回の処理結果からの差分となる結果を生成することもできる. たとえば, 5分

ごとにビル内の各部屋の温度を計測し，温度が一定の値を超えた部屋を通知する場合が考えられる．時刻 TS_i から TS_{i+1} の間に部屋 R_k の室温が一定値を超えた場合，時刻 TS_{i+1} に到着したデータを処理した結果，アプリケーションには差分情報として R_k が通知される．問合せの例としては，ストリームデータに対する集約演算やウィンドウ問合せ，複数のストリームデータに対する結合(join)演算など様々なものが挙げられる．STREAM プロジェクト［4.22］では，ストリームデータに対する問合せを記述するために CQL (Continuous Query Language) という言語を提案している．STREAM は，ストリームを構成するタプルの系列を切り取る演算としてスライディングウィンドウ問合せ (sliding window query) をサポートしている．たとえば，ストリーム S に対するスライディングウィンドウ問合せは，CQL を用いて次のように記述できる．

```
SELECT * FROM S [Rows 1000]
SELECT * FROM S [Range 2 Minutes]
```

前者は tuple-based sliding window と呼ばれ，ストリーム S を構成するタプルのうち Rows に指定した数の最新のタプルを切り取る．後者は time-based sliding window と呼ばれ，過去 2 分間に到着したすべてのタプルを切り取る．Rows や Range によって指定されるウィンドウは，時間とともにストリームデータ上を移動していくため，切り取られるタプルも変化していく．切り取られた結果は時系列として表現され，SUM(合計)や AVERAGE(平均)といった集約演算を適用できる．さらに CQL では，ストリーム $S1$, $S2$ に対する結合演算も次のように記述できる．

```
SELECT *
    FROM S1[Rows 1000], S2[Range 2 Minutes]
    WHERE S1.A = S2.A AND S1.A > 10
```

この例では，ストリーム $S1$ の最新の 1,000 個のタプルと $S2$ の過去 2 分間のタプルを対象として，共通の属性 A について $S1.A>10$ という条件のもとで，二つ

のストリーム $S1$, $S2$ の結合演算が行われる．

なお，STREAM プロジェクトでは Stream Query Repository (SQR) [4.26] というサイトにおいて，オンラインオークション，習性モニタリング，交通情報モニタリングなどのアプリケーションドメインごとに CQL を用いて記述された問合せの具体例を掲載している．

ストリーム処理システムでは多数のユーザからの問合せが発生することが想定されるため，ストリームデータに対するそれらの問合せを効率よく実行するための複数問合せ最適化手法が不可欠である．複数問合せ最適化は問合せの演算に着目し，共通の演算をグループ化し，処理結果を共有することにより効率化を行うものである [4.27]．文献 [4.24, 4.25, 4.28, 4.29] では，ストリームデータに対する連続的問合せの最適化手法が提案されている．また，時間の類似性を考慮して複数の問合せをグループ化する結合演算として，ウィンドウ結合が提案されている [4.30]．文献 [4.28] で提案されている最適化手法はこのウィンドウ結合にも対応しており，複数の連続的問合せの実行タイミングの違いによる参照範囲の違いを考慮して，ストリームデータに対する実行処理プランを生成している．文献 [4.29] では文献 [4.28] で提案した手法を，ストリームデータとリレーショナルデータベースとの統合処理のための枠組へと拡張している．

その他，連続的問合せとよく似た枠組としては，データベーストリガシステム [4.31] やアクティブデータベース (ECA ルール) [4.32] が挙げられる．トリガ (trigger) は，ローカルあるいはリモートのデータベースを監視しながら，追加や更新などのデータ操作を起動条件として，あらかじめ指定したデータベース演算を実行する機能である．文献 [4.31] では，定数以外は同じ構造を持つトリガが多いという点に着目して，大量のトリガを効率よく処理するためのデータ構造を提案している．連続的問合せと ECA ルールの比較については文献 [4.21] を参照されたい．

カリフォルニア大学バークレー校の Fjord [4.33] は，センサデータストリームに対する標準的なデータベースのオペレータ群を提供するフレームワークである．従来のデータベースは pull 型であるのに対し，センサネットワークにおけ

るストリームデータはpush型のデータである．Fjordでは，push/pull両方のデータに対する問合せを可能とし，ストリームデータが到着するたびにクエリプランへpushすることでAVERAGE, SORTなどのオペレーションを実現する．ストリームデータに対するノンブロッキングな演算処理を実現するだけでなく，push型のストリームデータと既存のpull型のデータベースに対する統一的な枠組を提供することで，それらの統合処理もサポートする．push型のストリームデータとpull型の静的なデータとの結合処理もサポートする．これらは，遅延のあるストリームデータに対してノンブロッキングに動作する．また，複数のセンサノードとの仲介を行うためのセンサプロキシ (sensor proxy) を導入し，ユーザからのセンサネットワークの隠蔽，ユーザの要求に応じたセンサのサンプリング間隔の調整，複数問合せにおける共通処理のグループ化による効率化を実現している．

　Fjordと他のセンサネットワーク (コーネル大学のCougar [4.11] やカリフォルニア大学バークレー校のTinyDB [4.10] など) を比較すると，Fjordはセンサプロキシを介して複数の情報源を統合したデータストリームのレベルでストリームを制御をしているのに対し，CougarやTinyDBではセンサノード上のプログラムを用いてノードレベルでストリーム制御を行っていると言える．

　高度交通情報システム，地震防災システム，工場プラントなど，実世界からのセンサデータを監視するようなモニタリングアプリケーションにおいては，リアルタイム性を考慮することが重要となる．特にセンサデータを扱う場合には各センサデータの発生した時刻が重要であり，鮮度の高い情報としてアプリケーションに提供することが重要である [4.34, 4.35, 4.36]．Aurora [4.37, 4.38] はモニタリングアプリケーションのためのシステムとして提案されているが，リアルタイム性の実現という要求に応えるために，QoSやload sheddingという概念を導入している．Auroraでは，ユーザの指定したQoSのプロファイルに基づいてオペレータ (演算子) のスケジューリングを行っている．Load sheddingは，ストリームデータの到着レートが上昇するなどしてシステムの処理能力を越え，データ処理が追いつかなくなった場合にストリームデータの一部 (すなわちタプル)

を読み捨てることで処理の効率化を図るものである．またAuroraでは，ストリームデータをストレージに蓄積することで過去のデータをアーカイブとして利用するアプリケーションや，現在のデータと過去のデータを比較・統合するアプリケーションも想定している［4.37］．文献［4.35, 4.36］では，センサデータの鮮度を保ちながらセンサデータストリームを永続化する方法を提案している．これにより，永続化された過去のデータと現在のストリームデータとの比較処理を行うことができるため，時系列データの予測，分析，マイニングといった処理に役立つと考えられる．さらに文献［4.36］では，類似した時系列データ（シーケンス）を検索する機能やセンサデータを継続的に監視する機能も提供している．

　ストリームデータに関する研究は，リレーショナルデータベースを前提とするものが多い．しかし，たとえば5分ごとに計測された一連の室温データにアクセスして分析することを考えると，それらのセンサデータがセンサID，時刻，値を属性とするテーブル中に格納されている場合には，複数の結合演算を実行してストレージ中の離れた領域にアクセスする必要が生じる．そこで，IBMではTimeSeries DataBlade［4.39］というモジュールを提供しており，各センサごとに対応する時系列データを保持することで，ストリームデータをリレーショナル構造ではなく数千ものデータポイントで構成されたベクトルとして扱うことによって，処理の効率化を図っている．ストリームデータを時系列ベクトルとして扱うことで，関連するすべてのデータを一箇所に配置することができれば，分析に必要な時系列データを効率よく読み出すことができると考えられる．

4.3.7　センサデータの統合利用

　これまでは，主にセンサネットワーク内の問合せ処理やストリームデータに対する問合せ処理について注目してきた．センサネットワーク内のセンサデータの集約結果，あるいは各センサから一定間隔で供給されるリアルタイムのセンサデータ，さらにそれらのセンサデータの蓄積の結果である時系列データは，専門家や研究者に限らず多くのユーザにとって有用な場合であることが多い．現在でも気象情報や交通情報をはじめとして，大気汚染状況，河川の水位・水質情報な

4.3 問合せ処理　　　169

表 4.2　オンラインのセンサデータリソース

リリース名	提供データ
ワンクリック気象情報サイト [4.41]	天気, 地震, 津波, 台風など
大気汚染物質広域監視システム [4.42]	NO, NO_2, SO_2, O_x など
川の防災情報 [4.43]	水位, 水質, 雨量など
日本道路交通情報センター [4.44]	渋滞情報, 工事情報など
高感度地震観測網 (Hi-net) [4.45]	震源情報, 最新地震情報など

ど様々なセンサデータがウェブサイトで公開され，閲覧できるようになっている（表4.2）．

これらのウェブサイトのいくつかは，一定間隔で更新されるリアルタイムの観測データだけではなく時系列データを蓄積しており，過去の情報を参照することができる．無線ネットワークではなく，センサノードからのアクティブな情報発信ではないにしても，多種多様なセンサから構成される何らかの観測ネットワークが存在し，観測データが記録時刻（time stamp）とともにデータベースに蓄積されている．同様に，今後センサネットワーク研究の成果として，様々なセンサネットワークからのリアルタイムかつ時系列の情報がインターネットを介して公開され，統合利用できるようになれば，災害時の状況把握や防災対策はもちろん，ユーザ自身が生活している環境の状態を理解する上で役立つと考えられる．

ユーザの生活環境の状態を観測する屋外あるいは広域に設置されたセンサの多くは地理的な位置情報と関連しているため，その位置情報に基づいてセンサデータ情報処理を行うことが効果的な情報提供を行う上で重要である．近年では，Geo Sensor Networks 2003 という国際会議も開催されており，地理情報という観点に注目したセンサネットワークやセンサデータ処理に関する研究成果が発表されている [4.40]．位置情報を含むデータ，すなわち空間データとしてセンサデータの処理を行うためには，空間データベースの分野における検索，統合，マイニングといった技術 [4.41, 4.42] を，ストリームや時系列といった特性を考慮しながら適用する必要がある．情報の視覚化という観点では，地理情報システム（GIS：Geographic Information System）の分野で提案されている空間情報

処理手法[4.43]が有効であると考えられる．

　文献[4.44]では，時系列のセンサデータを蓄積しているデータベースがネットワーク上に複数存在する環境を想定し，それらの分散データベースからセンサデータを検索する手法を提案している．データベースを管理するサーバが，時系列データだけでなくセンサの位置情報を管理することで，位置情報に基づいたシームレスな検索をサポートしている．さらに文献[4.45]では，その検索結果であるセンサデータを地理的な位置情報に基づいて統合するための手法を提案している．具体的には，地理情報システムの分野で提案されている空間分析の手法を，センサデータの視覚化に適用している．

　地理的な位置情報に基づいてセンサデータを処理するためには，その位置情報を含むセンサデータをどのように記述するかが重要となる．一つのアプローチとして，たとえばXML(eXtensible Markup Language)を利用するアプローチが考えられる．空間データや地理情報を表現できるXML仕様として，G-XML[4.46]，GML[4.47]，RWML[4.48]などが提案されている．G-XMLは日本で進められている標準化プロジェクトであり，空間データを記述するためのXML仕様を公開している．GMLはOpen Geospatial Consortium (OGC)によって提案され，活用が進められている．地理情報の標準化はISO/TC211[4.49]でも進められている．また，RWMLは道路関連情報を記述するXML仕様として提案されており，道路情報だけではなく気象機関の発表する気象情報を記述することが可能である．道路情報としては，路側の気象観測情報，路面状態，渋滞情報などが含まれ，全体として様々なセンサデータを記述できる枠組となっている．実際に，RWMLを用いたナビゲーション実験なども行われている．

　XMLはテキストデータであり，文書解析などの処理コストや送受信データサイズが大きくなるため，センサネットワーク内のデータ交換フォーマットとして適しているとは言い難い．しかし，in-network aggregationの結果などがデータベースに蓄積され，ユーザから参照できるような環境を想定した場合には，それらのセンサデータと他の情報を統合し，より広範かつ広域なアプリケーションを実現するために，インターネット上の交換フォーマットとしてXML表現を利

用することも考えられる．

　さらにOGCでは，Sensor Modeling Language(SensorML)に関する議論も進めている[4.50]．SensorMLは，リモートセンシングや地上観測などに利用される様々なセンサや観測プラットフォームに関する情報，すなわちセンサデータに対するメタデータを記述することを目的としており，そのためのモデルとXMLスキーマを提案している．SensorMLを用いることによって，たとえばセンサの型，精度，大きさなどの一般的な情報に加えて，センサの位置情報を記述することができる．インターネット上に分散したセンサデータのリソースからユーザが必要なデータを取得するためには，こういったメタデータに関する議論が不可欠である．現在は推奨ドラフトであるが，今後の展開が注目される．また，このような統一的な形式でセンサに関する情報が提供されることは，アプリケーション開発者にとっても有用である．

4.4　プログラム記述

　センサネットワークによって物理世界を観測するサービスを実現するためには，環境中に埋め込めるコンテクストアウェアな組込みシステムと，これらの組込みシステムと連携するネットワークワイドなソフトウェアインフラストラクチャが必要となる．環境組込み型のシステムは小型センシングデバイスから構成され，これらのデバイスが物理空間の状態を観測し，センサデータや他の入力信号に応じてイベントを生成することによりアクティブに処理を行うものである（ユーザはパッシブにサービスを受ける）．このとき，これらのシステムは動的に動作を変更したり，デバイス間やデバイスとPDAやPC間で連携することにより，イベントをより広範囲に伝達し高度な処理を提供する必要がある．さらにリソースの制約上，これらのプログラミングはできるだけシンプルで軽量であることが要求される．一方，ネットワークワイドなソフトウェアインフラストラクチャは，莫大な数の環境組込みシステムを収容するスケーラビリティと，組込みシステムによって観測された物理世界の状況や組込みシステムのトポロジ変化などにおけ

る動的な環境変化に追従できるような，柔軟かつ適応的な機構が求められる．

　カリフォルニア大学バークレー校とIntel社の研究グループによって開発されたMOTE［4.1］は，トランシーバやセンサに単純なコンピュータを組み込んだ小型の自律型センサノードである．MOTEはTinyOSという基本ソフトで動作する．起動した瞬間，周囲のMOTEと自動的に接続する．TinyOSはコンパクトでネットワークセントリックなOSであり，モジュール構造をとる．小型化，省電力，低コストを実現するため，TinyOSはセンサノードが利用しないOSの機能を自動的に削除する．また，永続的にアプリケーション実行するために，MOTEやそのネットワーキングプロトコルは，各MOTEがその99％の時間はスリープし，残りの1％の時間に活動して電力を消費するように設計されている．MOTEは，電力や処理能力に限りはあるものの，多数集まれば周囲の状況を把握するセンサネットワークを自ら構築する．たとえば，スギ科のレッドウッドの森の中であちこちの大きな枝に取り付ければ，木々の周囲のわずかな気候変動を記録できる．昨年の夏には，海鳥の巣の内部やその周辺に150個のMOTEを設置し，特定の場所で卵を抱く海鳥の生態を探る研究にも利用された．

　SmartIts［4.51］は，センシング，アクチュエーション，計算処理，コミュニケーションの機能を提供するスマートタグである．ドイツのカールスルーエ大学のTecOS研究所において開発されたものは，電力消費の効率がよく，無線によるデータの送受信が可能であるため，ユビキタスプラットフォームとして多くの研究機関で利用されている［4.52］．アプリケーション開発者はC言語を用いてソフトウェアを実装し，無線通信によりSmartItsデバイスに書き込むことにより，アプリケーションに特化したデバイスの動作ロジックを定義することができる．壁にSmartItsを貼り付けると音の発生をセンスすることができる．次に，プログラム記述のサンプルを示す．

```
if(get_audiosamples(200)) //200msでサンプリング
{
  a = calc_audio_volume();  //音量の平均を計算
  if(a >10)RED_LED_ON;      //音を検出したらLEDを赤に点灯
```

```
    else RED_LED_OFF;
    AUDIO_ADD(a);           //この状態値をパケットに入れる
    ACLsendPacket(50);      //ノンブロッキングで送信
}
```

　大阪大学とNECが共同開発したAhroD［4.53］は，イベント駆動型言語であるECAルールの枠組を用いたユビキタスコンピュータである．ECAルールとは，アクティブデータベースの分野で用いられていたルールの記述方式であり，イベント（E），コンディション（C），アクション（A）の組に記述する．デバイスとしては，5ポートの入力ポート，12ポートの出力ポート，2ポートの通信ポートを持っており，入力や通信のポートと5ビットの内部変数をルールで操作することができる．デバイスの動作記述をECAルールを用いて書くことにより，AhroDは接続した様々な外部機器からの入力をもとに，接続した別の機器を制御する．図4.6に，「ドアが開いたら5秒後にブザーを鳴らす」動作を行うためのECAルールの例を示す．AhroDは，ドアの開閉を検出する入力器Input01（ドアが開いた場合にON＝0となる）と，ブザーを鳴らす出力器Output01（ブザーを鳴らす場合にON＝0になる），状態変数State01を用いる．ドアが開いたらルール1が

AhroDのルール

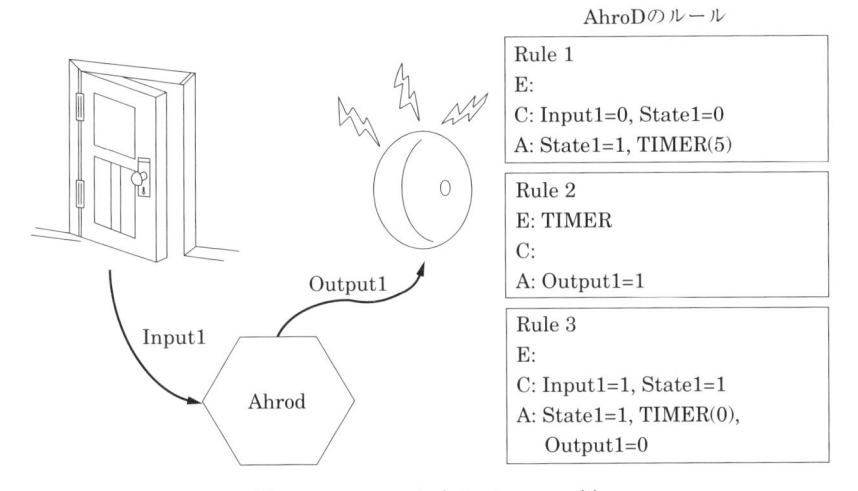

Rule 1
E:
C: Input1=0, State1=0
A: State1=1, TIMER(5)

Rule 2
E: TIMER
C:
A: Output1=1

Rule 3
E:
C: Input1=1, State1=1
A: State1=1, TIMER(0),
　　Output1=0

図4.6　AhroDにおけるECAルール例

起動し，タイマを5秒にセットする．タイマが発火するとルール2が起動し，ブザーを鳴らす．ドアが閉じたのを検出すると，ルール3により状態を初期化してタイマとブザーをクリアする．

Intel社のIrisNet［4.2］は，PCに接続したカメラやマイクなど処理能力の高いセンサとインターネット上の分散データベースを用いた，ネットワークワイドでオープンなセンサネットワークのアーキテクチャである．センサネットワークは，信頼のおける唯一のオーソリティによって管理されることを前提としている．センサの提供者は，センサのタイプに関わらず汎用的なデータアクセスインタフェースを提供する．ある地域における駐車場の空きスロットを検索するサービスの場合，その地域にあるすべての駐車場の監視カメラに問合せを発行し，その結果をローカルのデータベースで管理する．分散データベースの情報を統合することにより，駐車場の空きを特定する．

モバイルエージェントとは，あるホストのタスクを実行するためにホストから別のホストへネットワーク環境を移行することができるプログラムコードである．モバイルエージェントの枠組を用いてセンサネットワークのアプリケーションを記述することにより，ネットワーク上に分散した資源を動的に検索して割り当てながらアプリケーションの処理を実行することができる．東芝で研究開発されたpicoPlangent［4.60］では，ユーザの要求をエージェントが管理し，エージェントがポータブルデバイスやユーザのPC，インターネット上のサーバなどあらゆる環境に移動し，ユーザが必要とする情報を収集して適切なタイミングで提示する［4.61］．NTTで研究されているJa-Net［4.62, 4.63］では，関連のあるサービスや情報を保持するエージェント間にリレーションシップと呼ばれる論理リンクを動的に生成することにより，エージェントの群制御を行う機構を提供する［4.64, 4.65］．また，文献［4.66］は，Ja-Netをグリッドコンピューティング環境に拡張する枠組を提案している．

4.5　コンテクストアウェアシステム

コンテクストとは「文脈」の意味であり，ユーザやユーザを取り巻く状況を意味し，ユーザの位置，体温，脈拍などの生体情報，個人情報，同伴者，タスク，利用しているサービスや機器，スケジュール，といった情報により特定される[4.61]．コンテクストアウェアシステムとは，ユーザの状況（コンテクスト）に応じてサービスを制御するシステムである[4.62, 4.63]．高度センサネットワーク環境ではセンサネットワークを用いて人間，もの，自然環境を観測することにより，実世界と連動したコンテクストアウェアサービスを提供することが可能となると考えられる．

4.5.1　センシングとコンテクストハンドリング

従来のコンピューティング機能（ウェアラブル，ユビキタス，グリッドなど）にセンシング機能を付加することにより，多様なコンテクストを抽出することが可能となる．マサチューセッツ工科大学では，1996年にウェアラブル端末を用いた記憶支援サービス（Remenbarance Agent）[4.64]を開発している．これは，ウェアラブルコンピュータのコンテクストを永続的にモニタリングし，現在のコンテクストに関連すると思われるテキスト情報をコンピュータ画面上に表示するものである．コンテクストとしては，位置，近くにいる人，メールのサブジェクト，日時，ノートの本文など，ウェアラブルコンピュータで取得できる情報が使われている．たとえば，現在のコンテクストに関連すると思われるノートファイルのサマリや，古いEメールなどが表示される．

ウェアラブルセンサを用いて生体情報（心拍，体温）や加速度などをセンシングし，体調管理，運動フォームの推定，活動状態推定などを行うことにより，個人の特定の状態に応じたパーソナルなサービスを提供するシステムに関しても様々な研究が行われている．東京大学をベースとするNPO法人WIN（ウェアラブル環境情報ネット推進機構）では，生体情報（脈拍，SPO2値，運動加速度など）のモニタリングにより病変の予兆の早期発見や日常的な健康管理を行う「バイタ

ルケアネットワーク」[4.65]を提唱している(図4.7).文献[4.66, 4.67]では,加速度データなどを用いて運動の状況を観測する腕時計型のセンサ端末の研究開発が報告されている.文献[4.68]では,手首,足首,腰に取り付けた加速度センサの情報から,ユーザの姿勢,運動の状態を推定する.その際に,テンプレートマッチングによるパターン認識を行う.その応用として,人間の活動状況に応じて適切なタイミングを見計らって情報配信を行うサービスを提案している.

ユビキタスコンピューティングにセンシング機能を付加することを目指し,ジョージア工科大学のAwareHome[4.69]では,一軒の家をまるごと使ってセンサやコンピュータを埋め込み,様々なアプリケーションを構築している.ここでは,ユーザへの負担を増加させずにコンテクストアウェアサービスを提供することを目標としている.たとえば,ゼスチャアクセサリはペンダント型のデバイスが手の動きを認識し,家電制御のコマンドに変換する.デジタルファミリーポートレイト[4.70]は,離れて住む祖母のポートレイト(肖像画)の額縁の模様が祖

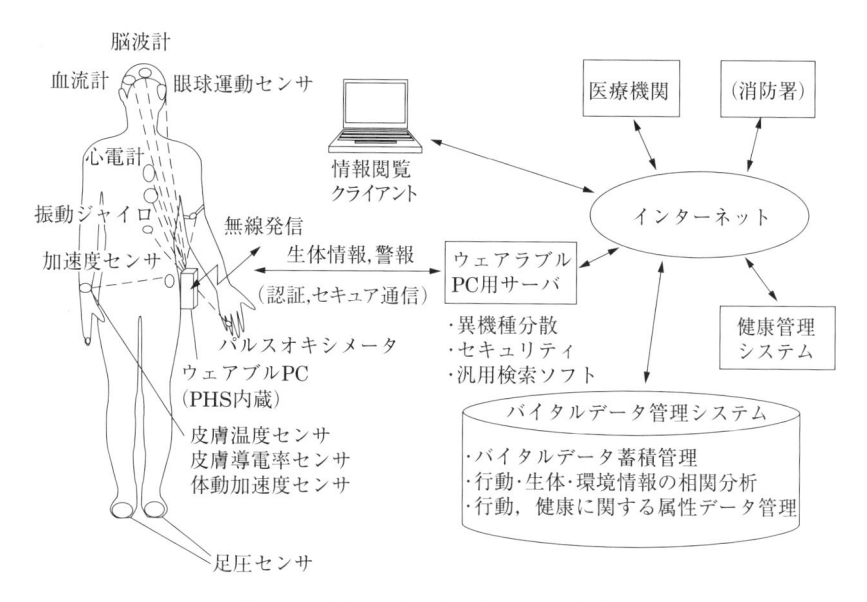

図 4.7 バイタルケアネットワークの概念図

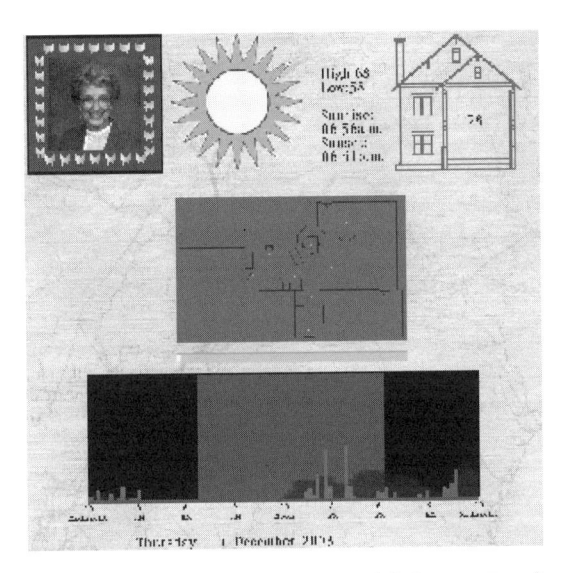

図 4.8 デジタルファミリーポートレイト(AwareHome)

母のコンテクストに応じて変化することで，祖母の安否確認を日常的に行うものである（図 4.8）．

東京大学や慶應義塾大学でも，部屋にセンサを埋め込むことによるスマートスペースの構築が行われている [4.71, 4.72]．スマートスペースとは，センサや無線技術を用いてユーザの状況を観測し，賢く支援する空間のことである．

一方，センシングによって取得したデータを元に，コンテクスト情報としてアプリケーションで利用するためには，センサの生データを信号処理し，アプリケーションで解釈可能な高位の情報に加工するコンテクストハンドリング技術が必要である．一般に，センサデータからコンテクストを抽出するプロセスは，大きく分けて次の四つのステップから成る [4.73]．

① センサから生データを取得する．
② モデリングの前処理として信号の特徴抽出を行う．
③ 特徴抽出された信号を用いて統合演算や統計的なモデル化を行う．
④ アプリケーションに提供する．アプリケーションは得られた情報を元にコンテ

クストを解釈し，意思決定を行う．

コンテクストハンドリングに関する研究としては，ジョージア工科大学のAwareHomeプロジェクトの一環で行われているContext Toolkit［4.61］，マサチューセッツ工科大学のウェアラブルプラットフォームMIThrilに組み込まれているコンテクストエンジン［4.73］，NTTのコンテクストハンドリングフレームワークCHANSE［4.74］などがある．コンテクストの解釈はアプリケーションによっても異なるため，センサデータを異なるアプリケーション間で効率的に共有する方法や，解釈のための共通的なセマンティクスの定義などがポイントとなる．

4.5.2　ロケーションアウェアコンピューティング

位置情報はユーザの状況に関するセマンティクスを非常に多く含むため，最も重要なコンテクスト情報の一つである．位置に関するセマンティクスをベースにアプリケーションの振る舞いを制御する機構をロケーションアウェアコンピューティングと呼ぶ．従来の固定的なアプリケーションに比べて，位置をキーとしたユーザの状況に応じた柔軟なサービス提供が可能となる．一般的にロケーションアウェアコンピューティングでは，モバイルユーザがロケーションアウェアなデバイスを携帯し，これらのデバイスが環境に埋め込まれた情報通信インフラと動的に連携し，位置をキーとして内容が変化するサービスを提供する．このシステムは，位置情報のセンシング技術とワイヤレス通信技術を用いて実現することができる．

Schilitは1994年に文献［4.62］において，ロケーションアウェアなアプリケーションのフレームワークを最初に提案した．ここでは，「ユーザの近辺の空間がユーザに対して最も興味のある空間である」という考えのもとに，「ユーザの近くに位置するエンティティほど選ばれやすい」というインタフェースを提案している．このとき，「近くに位置するエンティティ」における「位置」の種類として，次の三つを挙げている．

①電話，ファックス，プリンタなど物理的に設置されているもの

②現在インタラクションしている人など，ソフトウェアによって接続できるもの
③レストラン情報，非常口など，探したいと思っているものの位置

たとえば，ユーザがプリンタを利用する際にはユーザの位置に最も近いところにあるプリンタを自動的に選択する．

ランカスター大学のGUIDE[6.75]は，旅行者向けのガイド情報システムである．ユーザは携帯端末を持ち，WaveLANを用いて通信する．WaveLANのセルは，自身がカバーする地域に関する情報をブロードキャストすることにより，ユーザをガイドする．また，ユーザが明示的に情報をリクエストする場合は，ユーザのデバイスが収容されているセルのIDからユーザの位置を推定する．1996年から1999年の3年間，ランカスター市でフィールド実験が行われた．

4.5.3 実世界指向コンピューティング

実世界指向とは，インターネットなどの仮想的な世界において，物理空間の制約や事象を投影することにより実世界と仮想世界を融合することを目的とするアプローチであり，インタフェースの観点からの研究が盛んである[4.76]．高度センサネットワーク環境では，インタフェースにとどまらずセンサネットワークからインターネット上のサービスまでを連携した，多様な実世界指向サービスの提供が可能になると考えられる．その際，センサネットワークを活用することにより物理空間の観測データを元に物理空間の事象を認識し，これに基づいてモデルを生成し，仮想世界のサービスを制御することにより実世界を反映したサービスの提供を行うことが期待される．

マサチューセッツ工科大学のMemoryGlass[4.77]は，実世界の注釈情報をヘッドマウントディスプレイに表示することにより，人間の記憶や実世界の理解を支援する．たとえば，ユーザが移動して誰かの近くによると，相手のICタグからその人の名前情報を読み出してヘッドマウントディスプレイに表示する．

東京大学のユビキタスモンスター[4.78]は，センサや無線通信技術により実空間と仮想空間とを融合し，仮想空間に生息するモンスターを実空間で捕まえるモンスターコレクションゲームである．図4.9にユビキタスモンスターのアーキ

テクチャを示し，以下に説明する．ここでは，センサネットワークによって取得したデータとインターネット上のモンスターを，CE（サイバーエンティティ）と呼ばれるJa-Net[4.57]上のモバイルエージェントとして実装している．センサデータを表すCEがインターネット上のJa-Netノード間を移動し，そこで出会ったモンスターCEとインタラクションすることにより，モンスターの棲息場所や数を実世界のセンサデータに基づいて変化させる．

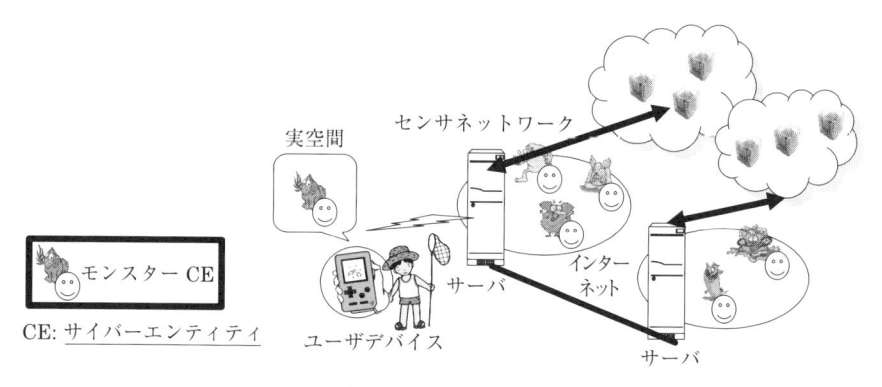

図 4.9　ユビキタスモンスターのアーキテクチャ

参考文献

[4.1] D.E.Culler and H.Mulder, "Smart sensors to network the world", Scientific American, Vol.6, pp.85-91, June2004

[4.2] P.Gibbons, B.Karp, Y.Ke, S.Nath, and S.Seshan, "Iris Net : An Architecture for a Worldwide Sensor Web", IEEE Pervasive Computing, Vol.2, No.4, pp.22-33, 2003

[4.3] 板生清『ウェアラブルコンピュータとは何か』NHKブックス999, 日本放送出版協会, 2004

[4.4] M.Weiser, "The Computer for the Twenty-First Century", Scientific American, Vol.-265, No.3, pp.94-104, 1991

[4.5] SETI@HOME http://setiathome.ssl.berkeley.edu/

[4.6] 板生清, 苗村潔「センサ通信網端末としてのウェアラブル情報機器」情処研究報告モーバイルコンピューティングNo.8-3, Feb.1999

[4.7] W.Adjue-Winoto, E.Schwartz, H.Balakrishnan, and J.Lilley, "The Design and Implementation of an Intentional Naming System", Proc. 17th ACM Symposium on Operating System Principles(SOSP), pp.186-201, 1999

[4.8] ANSI, SQLStandard, X3.135-1992, 1992

[4.9] C.Intanagonwiwat, R.Govindan, and D.Estrin, "Directed diffusion : A scalable and robust communication paradigm for sensor networks", Proc. the Sixth Annual International Conferenceon Mobile Computing and Networking(MobiCOM'00), pp.56-57, 2000

[4.10] S.Madden, W.Hong, J.Hellerstein, and M.Franklin, "TinyDB : A Declarative Database for Sensor Networks", http://telegraph.cs.berkeley.edu/tinydb

[4.11] Y.Yao and J.E.Gehrke, "The Cougar Approach to In-Network Query Processing in Sensor Networks", SIGMOD Record, Vol.31, No.3, pp.9-18, 2002

[4.12] H.Heidemann, F.Silva, C.Intanagonwiwat, R.Govindan, D.Estrin, and D.Ganesan, "Building efficient wireless sensor networks with low-level naming", Proc. the 18th ACM Symposium on Operating System Principles(SOSP), pp.146-159, 2001

[4.13] C.Intanagonwiwat, D.Estrin, R.Govindan, and J.Heidemann, "Impact of network density on data aggregation in wireless sensor networks", Proc. the 22nd International Conference on Distributed Computing Systems(ICDCS'02), 2002

[4.14] D.Tennenhouse, "Activenetworks", Proc. the Second USENIX Symposium on Operating Systems Design and Implementation (OSDI), 1996

[4.15] S.R.Madden, R.Szewczyk, M.J.Franklin, and D.Culler, "Supporting Aggregate Queries Over Ad-Hoc Wireless Sensor Networks", Proc. 4th IEEE Workshop on Mobile Computing and Systems Applications (WMCSA), pp.49-58, 2002

[4.16] P.Bonnet, J.Gehrke, and P.Seshadri, "Towards Sensor Database Systems", Proc. 2nd International Conference on Mobile Data Management, pp.3-14, 2001

[4.17] S.R.Madden, M.J.Franklin, J.M.Hellerstein, and W.Hong, "The Design of an Acquisitional Query Processor for Sensor Networks", Proc. ACM SIGMOD Conference, pp.491-502, 2003

[4.18] J.Gehrke and S.Madden, "Query Processing in Sensor Networks", IEEE Pervasive Computing, Vol.3, No.1, pp.46-55, 2004

[4.19] S.R.Madden, M.J.Franklin, J.M.Hellerstein, and W.Hong, "TAG : a Tiny Aggregation Service for Ad-Hoc Sensor Networks", Proc. 5th Symposium on Operating System Design and Implementation (OSDI), 2002

[4.20] D.Terry, D.Goldberg, and D.Nichols, "Continuous Queries over Append-Only Databases", Proc. ACM SIGMOD Conference, pp.321-330, 1992

[4.21] L.Liu, C.Pu, and W.Tang, "Continual Queries for Internet Scale Event-Driven Information Delivery", Transactions on Knowledge and Data Engineering (TKDE), Vol.11, No.4, pp.610-628, 1999

[4.22] The STREAM Project, http://www-db.stanford.edu/stream/

[4.23] S.Chandrasekaran, O.Cooper, A.Deshpande, M.J.Franklin, J.M.Hellerstein, W.Hong, S.Krishnamurthy, S.R.Madden, V.Raman, F.Reiss, and M.A.Shah, "Telegraph CQ : Continuous Dataflow Processing for an Uncertain World", Proc. 1st Biennial Conference on Innovative Data Systems Research (CIDR2003), pp.269-280, 2003

[4.24] J.Chen, D.J.DeWitt, F.Tian, and Y.Wang, "Niagara CQ : A Scalable Continuous Query System for Internet Databases", Proc. ACM SIGMOD Conference, pp.379-390, 2000

[4.25] S.Madden, M.Shah, J.M.Hellerstein, and V.Raman, "Continuously Adaptive Continious Queries over Streams", Proc. ACM SIGMOD Conference, pp.49-60, 2002

[4.26] Stream Query Repository, http://www-db.stanford.edu/stream/sqr/

[4.27] P.Roy, S.Seshadri, S.Sudarshan, and S.Bhobe, "Efficient and Extensible Algorithms for Multi Query Optimization", Proc. ACM SIGMOD Conference, pp.249-260, 2000

[4.28] 渡辺陽介，北川博之「連続的問合せに対する複数問合せ最適化手法」電子情報通信学会

論文誌，Vol.J-87-D-I, No.10, pp.873-886, 2004

[4.29] 渡辺陽介，北川博之「問合せ最適化機構を備えたデータストリーム統合システムの開発」電子情報通信学会，第15回データ工学ワークショップ(DEWS2004), 2004

[4.30] J.Kang, J.F.Naughton, and S.D.Viglas, "Evaluating Window Joins over Unbounded Streams", Proc. 19th International Conference on Data Engineering(ICDE), pp.341-352, 2003

[4.31] E.N.Hanson, C.Carnes, L.Huang, M.Konyala, and L.Noronha, "Scalable Trigger Processing", Proc. 15th International Conference on Data Engineering(ICDE), pp.266-275, 1999

[4.32] N.W.Paton and O.Diaz, "Active Database Systems", ACM Computing Surveys, Vol.-31, No.1, pp.63-103, 1999

[4.33] S.R.Madden and M.J.Franklin, "Fjording the Stream : An Architecture for Queries Over Streaming Sensor Data", Proc. 18th International Conferenceon Data Engineering, pp.555-566, 2002

[4.34] 宗像浩一，吉川正俊，植村俊亮「鮮度と同期度に基づく周期データの選択方式」情報処理学会論文誌：データベース，Vol.41, No.SIG1(TOD5), pp.140-153, 2000

[4.35] 川島英之，遠山元道，今井倫太，安西祐一郎「リモートメモリを用いたセンサデータストリームの永続化」情報処理学会論文誌：データベース，Vol.44, No.SIG12(TOD19), pp.-98-109, 2003

[4.36] 川島英之，遠山元道，今井倫太，安西祐一郎「センサデータベースシステムKRAFTの設計と実装」情報処理学会論文誌：データベース(TOD24), 2004

[4.37] The Aurora Project, http://www.cs.brown.edu/research/aurora/

[4.38] D.Abadi, D.Carney, U.Cetintemel, M.Cherniack, C.Convey, S.Lee, M.Stonebraker, N.Tatbul, S.Zdonik, "Aurora : A New Model and Architecture for Data Stream Management", The VLDB Journal, Vol.12, No.2, pp.120-139, 2003

[4.39] J.Lumbley, "Smart Wells and Smarter Databases", DB2 magazine, Quarter 4, 2003 Vol.8, Issue4, http://www.db2mag.com

[4.40] A.Stefanidis and S.Nittel, "Geo Sensor Networks", CRC Press, 2004

[4.41] P.Rigaux, M.Scholl, and A.Voisard, "Spatial Databases with Application to GIS", Morgan Kaufmann, 2001

[4.42] S.Shekhar and S.Chawla, "Spatial Databases : A Tour", Prentice Hall, 2002

[4.43] P.A.Longley, M.F.Goodchild, D.J.Maguire, and D.W.Rhind, "Geographic Information Systems and Science", John Wiley&Sons, 2001

[4.44] 白石陽，安西祐一郎「分散センサデータの閲覧のためのインクリメンタルなデータ提供方式」情報処理学会論文誌：データベース，Vol.44，No.SIG12 (TOD19)，pp.123-138，2003
[4.45] 白石陽，安西祐一郎「センサデータの視覚化のためのインクリメンタルな空間集約手法」情報処理学会論文誌：データベース，Vol.45, No.SIG7 (TOD22)，pp.63-76，2004
[4.46] G-XMLプロジェクト，http://gisclh.dpc.or.jp/gxml/
[4.47] Open Geospatial Consortium, Inc. GML- the Geography Markup Language, http://opengis.net/gml/
[4.48] 道路用Web記述言語 (RWML)，http://rwml.its-win.gr.jp/
[4.49] ISO/TC211，http://www.isotc211.org/
[4.50] Sensor Modeling Language (SensorML)，http://vast.uah.edu/SensorML/
[4.51] H.W.Gellersen, A.Schmidt and M.Beigl, "Multi-Sensor Context-Awareness in Mobile Devices and Smart Artefacts", Mobile Networks and Applications (MONET), Vol.7, No.5, pp.341-351, 2002
[4.52] TecOwebsite，http://smart-its.teco.edu/home
[4.53] 早川敬介，塚本昌彦，寺田努，義久智樹，岸野泰恵，柏谷篤，坂根裕，西尾章治郎「ユビキタスコンピューティングのためのルールに基づく入出力制御デバイス」ヒューマンインタフェース学会論文誌，Vol.5, No.3, pp.341-354, 2003
[4.54] picoPlantent website，http://www.toshiba.co.jp/plangent/
[4.55] 服部正典，長健太，大須賀昭彦，一色正男，本位田真一「ユビキタス環境におけるContext-Awareなパーソナルエージェントの構築とその実証実験」電子情報通信学会論文誌，Vol.J86-D-I, No.8, pp.543-552, 2003．
[4.56] Ja-Net website，http://www.onlab.ntt.co.jp/jp/ni/janetweb/
[4.57] 須田達也，松尾真人，板生知子，中村哲也，今田美幸，大塚卓哉，田中聡「アプリケーション創発のための適応型ネットワーキングアーキテクチャ：Ja-Net」情報処理，Vol.43, No.6, pp.616-622, 2002
[4.58] 板生知子，中村哲也，松尾真人，田中聡，青山友紀「ユーザ嗜好に応じた動的なサービス構築のためのリレーションシップメカニズムの設計と評価」情報処理学会論文誌，Vol.44, No.3, pp.812-825, 2003
[4.59] T.Itao, S.Tanaka, T.Suda, T.Aoyama, "A Framework for Adaptive Ubi Comp Applications based on the Jack-in-the-Net Architecture", Journal of Wireless Networks 10 (WINE), Kluer Academic Publishers, pp.287-299, 2004
[4.60] 沼田哲史，板生知子，小川剛史，塚本昌彦，西尾章治郎「動的なグリッド環境における効率的でセキュアなリソース利用のためのモバイルエージェントシステムJa-Net on Grid」

情報処理学会論文誌：データベース(TOD24), 2004

[4.61] Anind K.Dey, "Providing Architectural Support for Building Context-Aware Applications", PhD thesis, College of Computing, Georgia Institute of Technology, 2000

[4.62] B.N.Schilit, N.I.Adams, and R.Want, "Context-Aware Computing Applications", Proc. the Workshop on Mobile Computing Systems and Applications, IEEE Computer Society, pp.85-90, SantaCruz, 1994

[4.63] T.Itao and M.Masato, "DANSE : Dynamically Adaptive Networking Service Environment", The Transactions of the IEICE, Vol.J82-B, No.5, pp.730-739, 1999

[4.64] B.J.Rhodes, "The wearable remembrance agent : a system for augmented memory", Proc. 1st International Symposium on Wearable Computers, pp.123-128, Cambridge, 1997

[4.65] 板生清 他「ウェアラブルセンサを用いた健康情報システム」情報処理振興事業協会 2002年度成果報告集, http://www.ipa.go.jp/SPC/report/02fy-pro/report/1607/paper.pdf

[4.66] 尾崎徹, 小児正幸, 杉本千佳, 柴健二, 苗村潔, 保坂寛, 板生清, 佐々木健「ヘルスケア用ウェアラブルセンシングユニットの開発研究」マイクロメカトロニクス（日本時計学会誌），Vol.47, No.3, pp.12-19, 2003

[4.67] C.Sugimoto,et.al.,"Development of a wrist-worn healthcare system using bluetooth", Proc. MIPE '03, 2003

[4.68] Y.Kawahara, T.Hayashi, H.Tamura, H.Morikawa, and T.Aoyama, "A Context-Aware Content Delivery Service Using Off-the-shelf Sensors", Proc. the Second International Confernce on Mobile Systems, Applications, and Services (MobiSys 2004), 2004

[4.69] Aware Home website, http://www.cc.gatech.edu/fce/ahri/index.html

[4.70] E.D.Mynatt, J.Rowan, S.Craighill, and A.Jacobs, "Digital family portraits : Providing peace of mind for extended family members", Proc. the ACM Conference on Human Factors in Computing Systems (CHI2001), ACM Press, pp.333-340, 2001

[4.71] Y.Kawahara, M.Minami, S.Saruwatari, H.Morikawa, T.Aoyama, "Challenges and Lessons Learned in Buildinga Practical Smart Space", Proc. 1st Annual International Conference on Mobile and Ubiquitous Systems : Networking and Services (MobiQuitous '04), pp.213-222, 2004

[4.72] 中澤仁, 徳田英幸「Smart Space Computing」日本ソフトウェア科学会コンピュータソフトウエア, Vol.21(3), pp.55-65, 2004

[4.73] R.DeVaul, M.Sung, J.Gips, A.Pentland, "MIThril 2003 : Applications and Architecture", Proc. IEEE International Symposium on Wearable Computers (ISWC), 2003

[4.74] T.Nakamura, M.Matsuo, T.Itao, "Context Handling Architecture for Adaptive Networking Service Environment", IPSJ Journal, Vol.43, No.02, 2002

[4.75] N.Davies, K.Mitchell, K.Cheverest, G.Blair, "Developing a Context Sensitive Tourist Guide", Proc. 1st Workshop on Human Computer Interaction with Mobile Devices, GIST Technical Report G98-1, 1998

[4.76] 暦本純一，実世界指向インタフェースの研究動向」コンピュータソフトウェア，Vol.13, No.3, pp.4-18, 1996

[4.77] R.W.DeVaul, A."Sandy"Pentland, and V.R.Corey, "The Memory Glasses : Subliminal vs. Overt Memory Support with Imperfect Information", Proc. 7th IEEE International Symposium on Wearable Computers (ISWC), 2003

[4.78] 川西直，川原圭博，板生知子，森川博之，青山友紀「実空間指向エンターテインメントアプリケーションの自律分散動作機構」情報処理学会研究報告（「ユビキタスコンピューティングシステム」）UBI-002, 2003

第5章

センサネットワークの応用システム

　気象観測や道路の混雑状況把握,工場管理からホームセキュリティに至るまで,我々の周囲には,様々なセンサを用いた多くの計測システムがすでに存在する.従来,これらは閉じたシステムであり,取得したセンサ情報はシステム内の特定目的に応じて利用されるものであった.これらのセンサ情報を,ネットワークを介したオープンシステムにおいて有効活用することが,センサネットワーク応用システムの中心的なアイディアである.ネットワークが本来持っている遠隔地からのリアルタイムな情報アクセスを可能にする性質を利用することで,ネットワーク上のセンサノードは収集したデータを多様な目的を持つ用途に加工・適用して提供するサービスが可能となり,これまでの計測システムでは得られなかった新しい知見や事象に対する認識,制御を実現する.

　一方,こうした仕組みの実用化に向けては,計測したデータを容易に流通可能にするネットワーク技術,データの性質に応じた様々な信号処理・診断技術およびそれらのシステム化技術など,新たな研究開発の取組みが要求される.また,これらの技術を支えるための社会的な枠組みの整備も重要である.

　本章では,このような認識のもとにセンサネットワークの応用システムを概観し,今後の発展の方向付けを行うことを主な目的とする.具体的には,既に実用化段階にある有線センサネットワークシステムとして,気象と水文の計測・制御を行うシステムを5.1節で紹介し,5.2節で建築物の健全性診断に関するシステムを概説する.5.3節では今後のセンサネットワークシステムの主要なアーキテクチャと目される無線センサネットワークの具体的な応用例として,環境モニタリング,ヘルスケア支援,教育支援,ビジネス支援をとりあげる.5.4節では無

線センサネットワークの実用化に向けて解決すべき諸問題をあげ，今後の研究開発における取組みの指針を提示する．

5.1 気象・水文計測システム[5-1]

5.1.1 データの特徴

気象および水文データは，大規模なものから小規模なもの（地球・国・地方・海・山・平野・河川・湖沼など）まで広域に散在している．これらのデータ観測には，衛星，ゾンデ，航空機，レーダ，地上局，船舶など様々な方法がとられている（図5.1）．これらのデータは時間とともに変化し，時代とともにその内容も

図 5.1　気象・水文に関する情報収集領域と方法

[5-1] 5.1節は「計測と制御」第43巻第9号 pp.708-713 より一部加筆修正して転載した．

変化している．これらの情報を人々が利用するには，データの集合の中から必要なデータを引き出し，人々に知らせるための情報や未来の予想情報となるようにデータを処理しなければならない．公共や民間，すなわち防災や行楽，生産に至るまで，様々な施設や団体の目的に応じてデータを処理することによって，気象及び水文データが利用されることになる．収集する情報には，たとえば気象データの場合，天気予報や現在の天気などに必要な一般気象，飛行機の離発着のために必要な航空気象，道路の交通に必要な道路気象，植物育成のための農業気象などがある．これらに必要な気象要素には雨量，風向風速，気温・湿度，日照・日射，積雪深，気圧，視程，映像，雲高などがある．水文の場合，ダム運用のためのダム諸量，河川の防災のための河川水位などがある．これらに必要な水文要素には，水位や水の流量(流量，温度，雨量，蒸発量から算出される)などがある．また，環境汚染分野においても大気ガスや水溶成分などの情報も必要とされている．

5.1.2　気象・水文センサの種類

気象，すなわち地球を取り巻く大気の現象を観測するセンサには，雨量計，日射・日照計，風向風速計，温度・湿度計，積雪深計，視程計，気圧計，雲高計などがある．水文，すなわち降水から河川の流出に至る一連の水のサイクル(水循環)に関わるセンサとしては流量計，水位計などがある．また，観測地の無人化に伴って現場状況をカメラ映像で確認することが必要となってきている．以降，市場で手に入る各センサの一例を簡単に紹介する(図5.2，図5.3)．

● 雨量計

円筒受水部より入った雨が「シシオドシ」のようにある一定の雨量ごとにマスが左右に転倒し，その転倒ごとにパルス信号を出力する転倒ます型雨量計がある．

● 日照・日射計

熱や光といった太陽放射エネルギーを日射という．天空に向けた半導体や焦電素子がこのエネルギーを電気エネルギーに変換し，信号を出力するセンサが日射計である．太陽の直射光が地表を照らすことを日照という．太陽電池日照計は，三つの太陽電池を使用することで太陽の直達光のみを算出できる構造となっている．

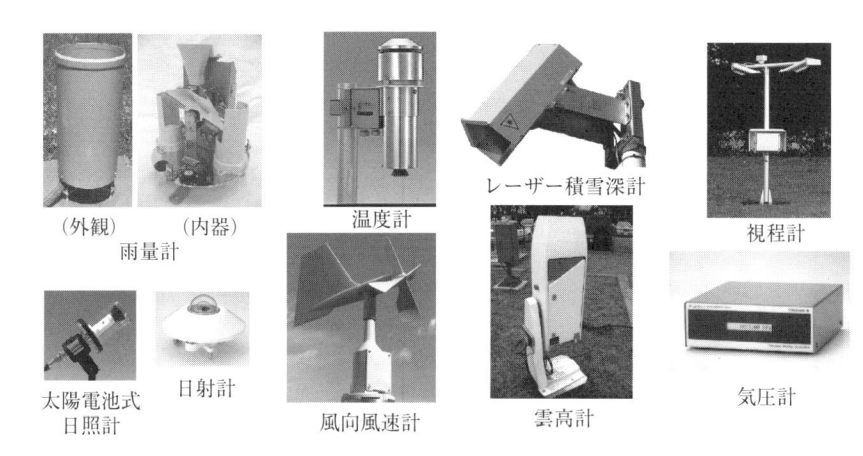

図 5.2　気象センサ

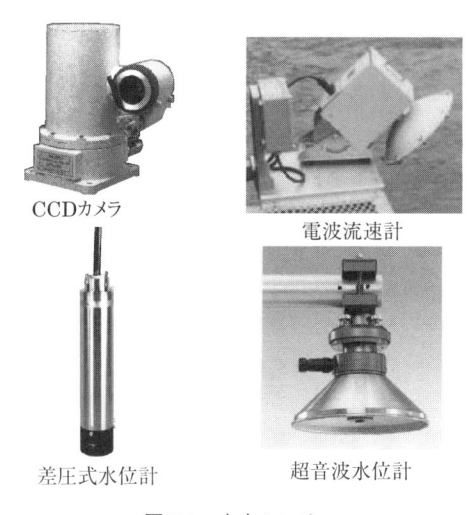

（外観）（内器）雨量計　温度計　レーザー積雪深計　視程計
太陽電池式日照計　日射計　風向風速計　雲高計　気圧計

図 5.3　水文センサ

CCDカメラ　電波流速計　差圧式水位計　超音波水位計

- 風向風速計

　風車型風向風速計は，風向と風速の検出部にともに光電式を採用し，ブラシレス構造で微風から秒速90mまでの風速を1台で観測できる．

- 温度・湿度計

温度計は大気の温度を観測する．白金測温抵抗体を用いて，温度変化に伴う抵抗値の変化を利用する．湿度計は，湿度変化に伴う静電容量の変化を利用する．

- 積雪深計

以前は雪尺を用いていたが，現在では超音波式積雪計やレーザ式積雪計などで自動的に観測している．レーザ式積雪計は，反射光の波のズレから雪の深さを計測する．

- 視程計

赤外線の前方散乱光を計測することで視程を測定し，気温検出部や感雨部からのデータを合成して演算することで，視程距離と降水の種類や降水量を観測する．

- 気圧計

検出部には，圧力によって振動数が変化する単結晶シリコン振動子を使用している．

- 雲高計

雲高計は，雲底の高さをレーザで測定する装置である．これは空港の滑走路周辺に設置され，航空機の安全運行のために使用されている．

- 流速計

河川，用水路，下水道などの流水の速さを，マイクロ波のドップラー効果により非接触で測定する電波流速計である．

- 水位計

水深の変化による水圧の変化を水晶振動子やシリコン振動子の感部で検出してデジタル信号に変換する．超音波水位計は，水面に非接触で水位が測定できる．

- 映像

耐圧防爆構造のCCDカラーカメラが使われる．

5.1.3　測定点の機能

(1) 観測点で要求される特性

気象観測や水文観測では，観測の目的や分野によって様々なセンサを組み合わせてシステムを構築する．日本において知名度の高いアメダス（AMeDAS：

Automated Meteorological Data Acquisition System）は，気象庁が日本全国に展開している地域気象観測システムであり，気象予報や災害予報など私たちの日々の生活に密着している．アメダスの観測要素は，設置地点により風向風速，気温，降水量，日照の4要素を観測する地点もあれば，積雪や降水量などの単要素を観測する地点も存在し，地域の性質により異なる．

このように観測地点では，各観測要素に応じたデータ処理をモジュール化することによりシステムアップを容易にし，複数のデータ処理をすべて用意して様々な分野に対応する柔軟な仕様と拡張性が要求されている．

また，上位装置へのリアルタイムなデータ配信や大規模・遠隔地の観測点のメンテナンスを容易にするため，リモートによる故障診断，設定値の遠隔操作，プログラム書換えによる機能アップも重要なポイントであり，これらの機能を円滑

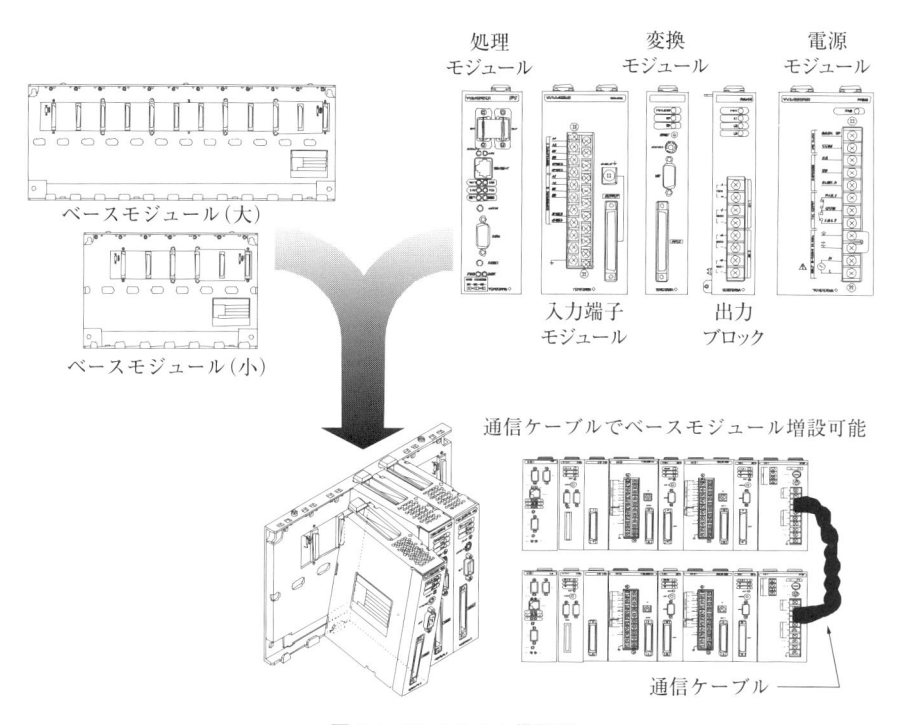

図 5.4　Fisシステム構築例

に処理するために必要な「システムのネットワーク化が容易に行える」ことも重要である．

このような観点から開発されたのが，Fis (Field Information Server) [5.1, 5.2] である．Fis は各観測要素を変換モジュール化して，共用のモジュールを組み合わせることでシステムを構築できる．そのモジュールによるシステムの構築方法とシステムの一例を図5.4に示す．

(2) データの統計処理

センサから得られた情報は，観測要素ごとに異なる統計処理を行う必要がある．統計処理には，平均風速などの平均処理，最大瞬間風速や最低気温などの極値処理，日降水量や日照時間などの積算処理があり，目的に応じて演算パラメータを設定してデータの重み付けを行っている．

自然界における気象・水文データはリアルタイムに変化し続けているため，統計処理にも瞬時性や連続性を確保する必要がある．たとえば，最大瞬間風速は数秒の間に1日の最大値を記録するため，休みなく連続した観測が必須条件となる．これらは，上位装置との通信中や演算パラメータの設定中においても同様である．

(3) データの品質管理

統計処理により求めた各種の観測データは，気象予報に運用されたり他の専門機関に配信されたりする．よって，個々の観測データには高い品質が求められる．

図5.5に示すとおり，Fis では保守（HK処理）と自動品質管理（AQC処理）を変換モジュールに内蔵し，観測データの高品質を維持している．

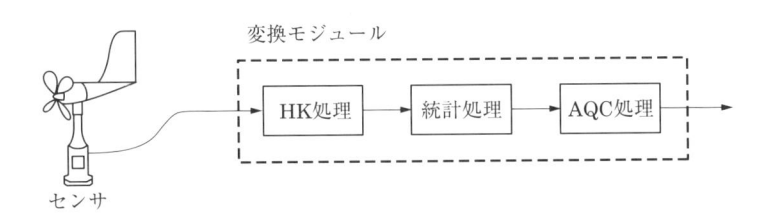

図 5.5　品質管理処理の流れ

- HK処理

HKは保守 (House Keeping) の略語であり，各機器のハードウェアの動作状況やセンサからの入力値の状態を把握するための情報である．本情報の目的は，異常状態を早く検出して欠測期間を最低限に抑えるとともに，観測データの連続性を維持することにある．

- AQC処理

AQCは自動品質管理 (Automatic Quality Control) の略語であり，統計処理により求められた観測データを監視することによって，通常では考えられない異常な観測データが外部へ流出することを防いで，データの品質を保つ情報である．

5.1.4　気象・水文システムのネットワーク化

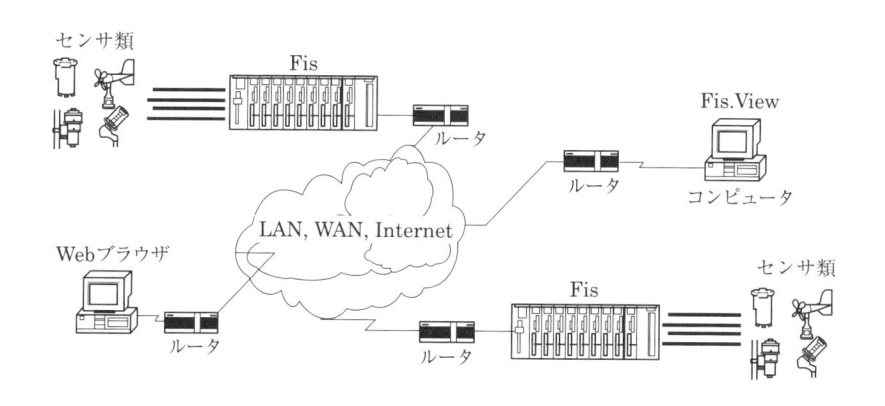

(1) ネットワークによる気象・水文システムの広域化

図5.6に示すように気象・水文システムをネットワーク化すると，遠隔地で計測した情報をどこからでも収集できるようになる．収集した情報はネットワークを通じての情報公開や，様々な場所で計測した気象・水文データの相互運用などに利用できるようになる．

気象・水文システムのネットワーク化の欠点としては，今まで守られていたシ

図5.6　気象・水文システムの広域化

ステムやデータが危険にさらされる可能性が高くなることである．そのための対策として，VPN (Virtual Private Network) などにより利用できるユーザを限定するなど，セキュリティを強化する必要がある．

(2) 気象・水文データの利用

図5.6に示すように，複数の気象・水文システムがネットワークで接続されたときに必要となるのが，複数局のデータを統合的に表示，処理する機能である．

このような観点から開発されたのがFis.Viewである（図5.7）．Fis.Viewは，ネットワークを介して複数のFisから気象・水文データ，画像等の情報を収集し，それらのデータを総合的にリアルタイム表示，帳票・グラフの作成・編集・印字等の処理を行うことができる．

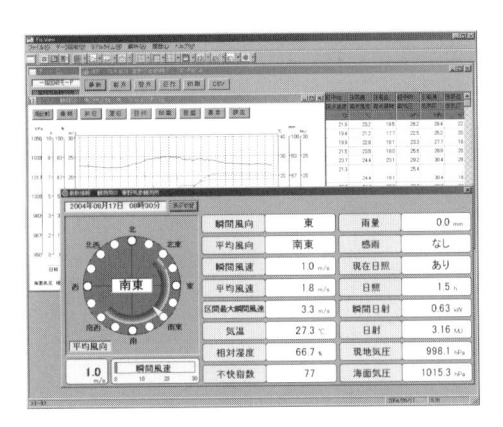

図 5.7　Fis.Viewの表示画面

5.1.5　応用例

(1) 河川情報

近年の河川はダムや堤防の整備が進み，災害は少なくなりつつある．しかし，例年にない局地的豪雨やそれによる鉄砲水，土砂災害などで多くの被害が毎年のように発生しており，自然災害の脅威はまだ身近に感じる．そのような中で，気象情報とネットワークを利用し，河川の災害による被害を最小限にする応用例を

紹介する [5.3, 5.4]．

図5.8に本システムのイメージ図を示す．河川に敷設された光ファイバ網に，複数の観測局が河川の上流から下流まで設置されている．各観測局ごとに水位計，流速計，雨量計，Webカメラ，Fisを設置する．Fisは現地の水位，流量流速，雨量，画像データをリアルタイムに収集する．河川情報を統括する管理事務所にFis.Viewを設置し，各観測局ごとに設置されているFisからリアルタイムに観測データを収集する．Fis.Viewにより，各観測局の観測データが監視できる．

たとえば上流河川で集中豪雨が発生した場合であれば，上流河川で観測している水位，流量流速，雨量データが指定値以上を超えると，Fisは注意情報のメールを送信し，管理担当者はそれをPCや携帯電話で受け取る．管理担当者は，管理事務所にあるFis.Viewで現場の観測データをリアルタイムに確認し，Webカメラにより現場の状況の確認も行える．管理担当者は，現場に行かなくとも管理事務所で必要なデータが入手できるので，下流河川でキャンプを行っている人や釣り人に短時間で警戒情報を知らせることが可能である．

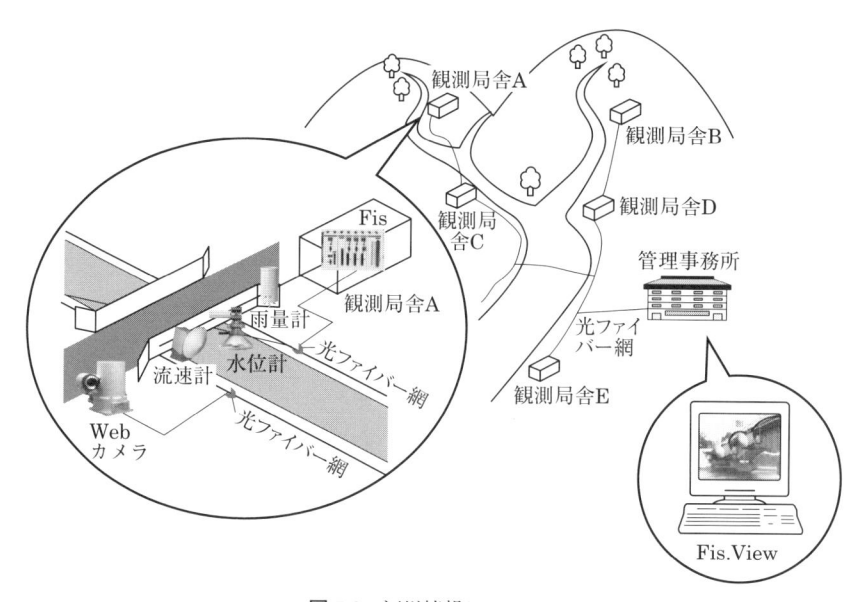

図 5.8 河川情報システム

Fis.Viewは，集められた情報をインターネットに公開し，観測局ごとの河川情報をリアルタイムに誰でも閲覧でき，災害情報や状況をすばやく得ることが可能である．

(2) 道路情報

道路の気象においても，すばやく情報を入手し提供することは重要である．特に冬期間における道路状況は気象条件により急激に変化するので，主要幹線道路の積雪による除雪作業，路面凍結によるチェーン規制など，早急に気象情報を道路利用者に提供する必要がある [5.5, 5.6]．

図5.9に本システムのイメージ図を示す．道路に複数の観測局と一つの管理事務所がある．現地の観測局では積雪深，降雪量，風速，視程，路面温度を観測するほか，Webカメラで現地の状況を観測する．これらの観測データは，Fisでリアルタイムに収集する．観測局と管理事務所は光ファイバで結ばれており，管理事務所にあるFis.Viewはリアルタイムに現地観測局から観測データを収集する．

管理事務所では現地の気象状況および路面状況を確認し，必要があれば除雪作

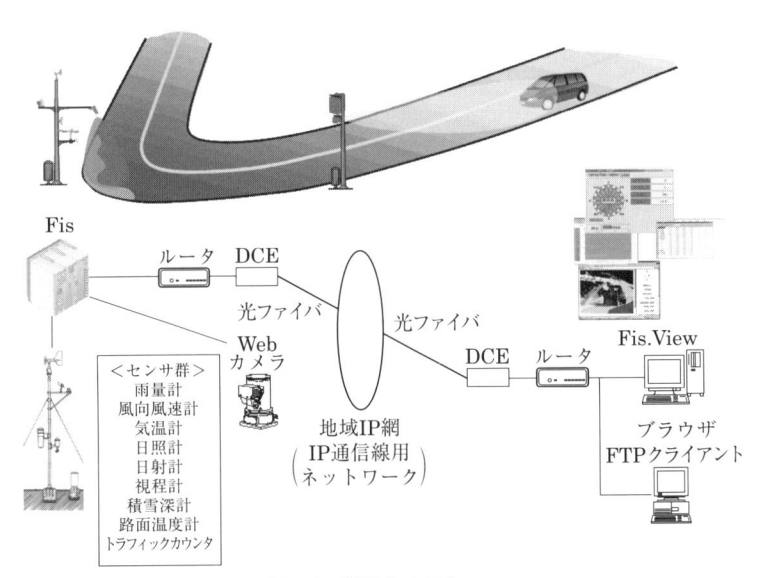

図 5.9　道路システム

業車を投入する．道路利用者に対しては，道路掲示板，TV，ラジオ，カーナビゲーションを通じて気象情報，通行規制箇所，迂回路の情報をすばやく提供することで，事故の防止，交通渋滞を緩和することができる．また，Fis.Viewは各観測局地点の観測データをデータベースに保存するので，各地点の状況を比較したり，過去情報との比較を行うことで気象予測が可能となり，効率良く除雪作業を運行管理することが可能となる．

5.1.6　センサネットワークの高度利用

(1) 気象のパターン計測

対象となる情報の測定・収集に必要なセンサを組み込んだFisをユニットとして，目的の領域に配備する．それらのユニットをネットワークで結合し，お互いに情報を共有させる．これを模式的に表したのが図5.10である．ここでは，雨量の測定を例に取って説明する．

図5.11では，ある時間t_1において各測定点で計量された雨量と，t_1よりある時間経過した時間t_2で計量した雨量を示している．

これらの情報は各測定点で共有されるので，各点はその場所の雨量のみならず周囲の雨量とその時間変化を知ることができる．そうすると，さらに時間経過したt_3での雨量予測は図の通りとなり，領域Xの範囲はかなり危険な状態になることが時間的に余裕をもって推定できるようになる．そうすることで，このXの領域に含まれる観測点は避難警報などを事前に出すことができる．この方法は，まさにネットワークの利点を生かした予報システムである．すなわち，リアルタ

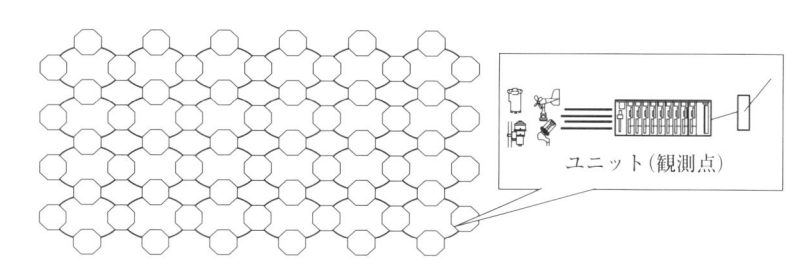

図5.10　ユニット配置

5.1 気象・水文計測システム

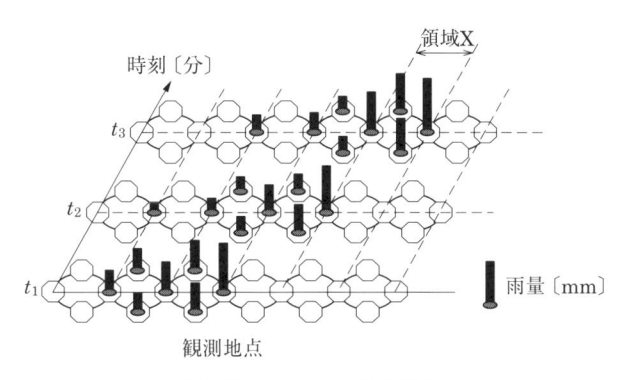

図 5.11 t_1, t_2, t_3 での雨量

イムで観測点の周囲のデータを収集できるので，その近辺のデータのパターンを時間予測できる．このことにより，測定点だけの時間変化から予測するよりも，変化の傾向をより正確につかむことができるようになる．

(2) 洪水予報，避難警報システム

図 5.12 は，図 5.8 を発展させたシステムを示したものである．

河川は雨を集めて，支流から本流へと流量を増やしていく．実際に雨が降ってからそれが河川の流量となるまでは，時間の遅れと地点間の係数が存在する．雨の測定点を $1,2,...,n$ とすると，河川の流量 F と雨量 A の間には

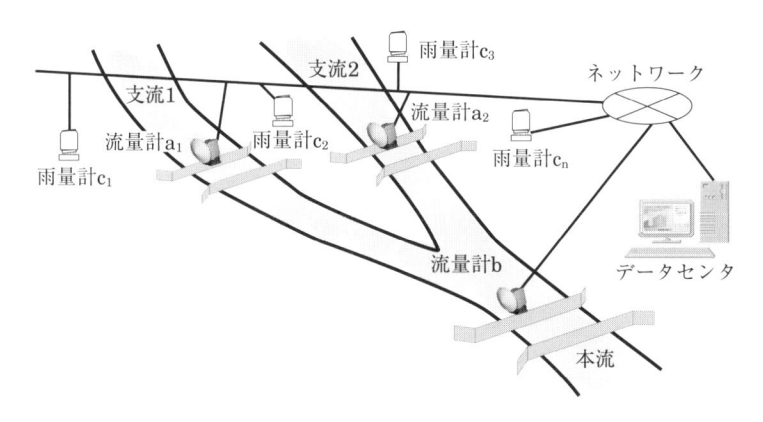

図 5.12 洪水予報，避難警報システム

$$F(t) = \Sigma a_i * A_i(t - t_i) \tag{5.1}$$

ここでa_iはi点での雨量と河川流量間の係数

A_iはi点での雨量，t_iは時間遅れ

の関係がある．

$F(t)$と$A_i(t)$はそれぞれ電波流量計と雨量計で測定して，ネットワークでデータを収集する．この一次式のデータを十分長い時間にわたって収集すると，多変量解析の手法によって係数a_iを求めることができる．a_iは季節によって，あるいは時間経過によって変化する可能性を持っている．a_iを使って式(5.1)により河川流量を予測すれば，洪水が発生する相当前から予測できる．また，予測した値は実計測であるので，その予測がどの程度正しいかはリアルタイムで誤差測定できる．したがって式の信頼性を確保しながら，誤差が大きくなった場合にはa_iの再計算をして，常に式(5.1)を精度のよいものに維持することが可能である．また，支川の流量をf_i，本川の流量をFとすれば式(5.1)と同様に，

$$F(t) = \Sigma b_i * f_i(t - t_i) \tag{5.2}$$

が得られる．このb_iも式(5.1)と同様に，多くのデータを収集することによって式(5.2)から求めることができる．また，Fとfを実測定することで，誤差が大きくならないように定期的に補正することができる．このシステムによって支川の流量から本川の流量を予測できるので，洪水の発生を時間的余裕をもって予測することができる．

ここにあげた例では，測定点での実データの収集とネットワークでの共有及び測定点での計算力を使った分散計算を行うことで，膨大な計算をしなくても有用なデータを得られる可能性を示した．

5.2 建築物の健全性診断システム

5.2.1 センサネットワーク応用の背景

戦後の長い間，日本における建設投資のGDPに占める割合は欧米の2倍から

3倍で推移してきた．しかし，インフラや建物のストックが欧米水準に近づきつつある状況下では，近い将来に建設投資の水準が欧米並みに低減すると考えるのが自然である．また，地球環境問題の側面からも，すでに建設された建物をなるべく長い間有効に活用していこうとの機運が高まっている．そうしたとき，建物は安全面や機能面だけではなく，環境面の負荷低減，社会面，経済面における高度な持続性を実現しなければならない．また，維持管理費用を極力低減し，かつ建物の寿命内での「健康寿命」を極力延ばす必要がある．こうした種々の複雑な要求を高度に実現するには，考慮すべき事項をリスクとして捉え，その総合的なリスクを最小化するように設計・維持管理することが有効と考えられている．そのためには，対象となるリスクの定量化が不可欠である．しかし現状の建物をリスクの視点から見ると，その対象となるリスクの多くが定性的な形での評価でしかなされておらず，定量評価が不十分である．たとえば，正確に定量評価されていると思われる建物の耐力でさえも，崩壊までを考慮すると実際にはその精度は一桁あるかどうかという状態にある．合理的なリスク制御には，すべてのリスクを統計的に定量化して，リスクが要求されるレベル以下の構造かどうかを評価することが必要である．リスクの定量化は，建物の性能を正確に評価することと実はほぼ同義である．

　センサを利用した診断システムは，こうしたリスクの正確な定量化に欠かせない技術である．診断システムには，データを取得するセンサ，センサから取得したデータを集約するネットワーク，ノイズの影響などを除去するための信号処理，診断のステップが必要となる．ただし現状の技術では，特に信号処理および診断の部分に専門家の判断を必要とする場合が多く，費用が割高となってしまう．幅広く普及させるためにはこの部分の自動化が必要であり，そのための技術開発が不可欠である．これまでに設置された地震観測を目的としたセンシングシステムは多数にのぼるが，建物の健全性を診断するためにセンシングシステムを設置した事例はまだごくわずかである．ここでは，その代表的な適用事例について紹介する．

5.2.2　日本女子大百年館

日本女子大学の目白キャンパスに建設された地上12階，地下1階，延床面積13,891m^2，高さ60m，鉄骨造の百年館（2001年竣工）に，世界で初めて光ファイバセンサを使ったモニタリングシステムが清水建設（株）によって設置された[5.7]．このシステムは，新エネルギー・産業総合開発機構（NEDO）と（財）次世代金属・複合材料研究開発協会（RIMCOF）が共同で実施した「知的材料・構造システムの研究開発」プロジェクトの研究開発テーマの一つとして行われたものである．この建物には，地震時の振動を低減するために間柱ダンパが取り付けられている．間柱ダンパは，間柱と梁の接合部のパネルに通常の鋼材ではなく，低い応力で降伏して高いエネルギー吸収能力を持つ極低降伏点鋼を用いたものである．したがってこの部位の健全性は，建物全体の耐震性能に大きく影響する．このパネルのうち特に重要な部位12箇所を選び，FBG（Fiber Bragg Grating）を利用した光ファイバ変位センサが取り付けられている．また，柱や床のひずみの計測のためのFBGひずみセンサおよび気温測定のためのFBG温度センサが取り付けられており，合計で64点の光ファイバセンサが設置されている．また，地

図5.13　日本女子大百年館に設置されたFBG変位センサの設置状況

震時の加速度応答の計測のために，サーボ加速度センサも設置されている．現在も観測が続けられており，日本女子大学の石川研究室と共同でその挙動についての研究が行われている．従来型のセンサではなく光ファイバセンサとしたのは，その耐久性の高さと，耐ノイズ性能の高さ，および1本の光ファイバケーブルに多数のセンサを接続することが可能なことによる配線の簡略化が目的である．実際，従来型のひずみゲージを利用した場合，その寿命は高々数年であり，建物寿命に比べて短すぎるという問題があった．光ファイバセンサによる計測は現時点ではまだ高価なシステムであり，経済性の視点から見ると普及には設備の低価格化の進展が必要である．

5.2.3　慶應義塾大学来往舎

慶應義塾大学の日吉キャンパスに建設された地上7階，高さ31m，建築面積$4,286.04m^2$，延床面積$18,606.28m^2$の免震構造建物である来往舎（2002年竣工）に，構造ヘルスモニタリングシステムが清水建設(株)によって設置された [5.8]．図5.14にこの建物の外観を示す．筆者らによって開発された最大値記憶型変位センサも，レーザ変位計と並列して一つ設置されている（図5.15）．この建物は，1階基礎の下に免震装置が設置されており，その健全性の確保が高い耐震性能保

図5.14　慶應義塾大学来往舎外観

図 5.15　レーザ変位計と最大値記憶センサ

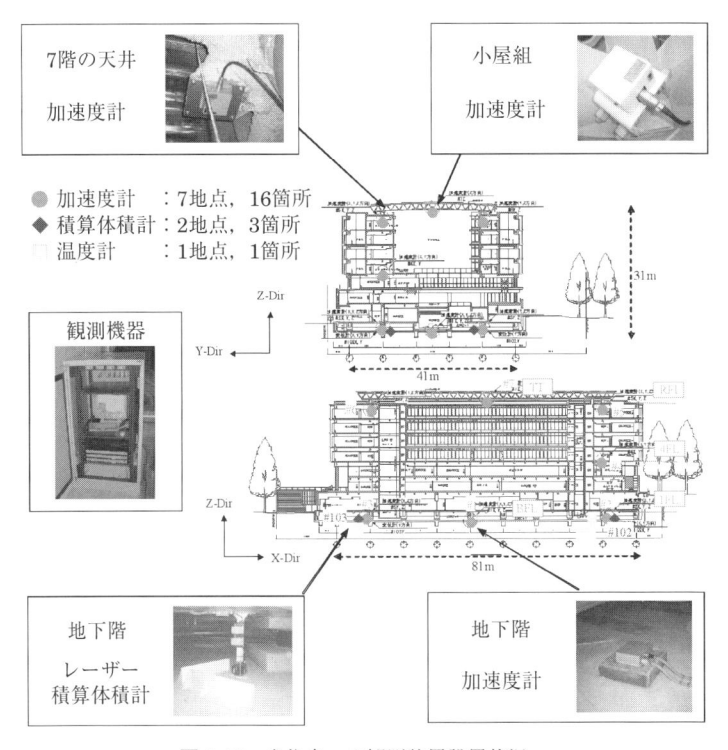

図 5.16　来住舎への観測装置設置状況

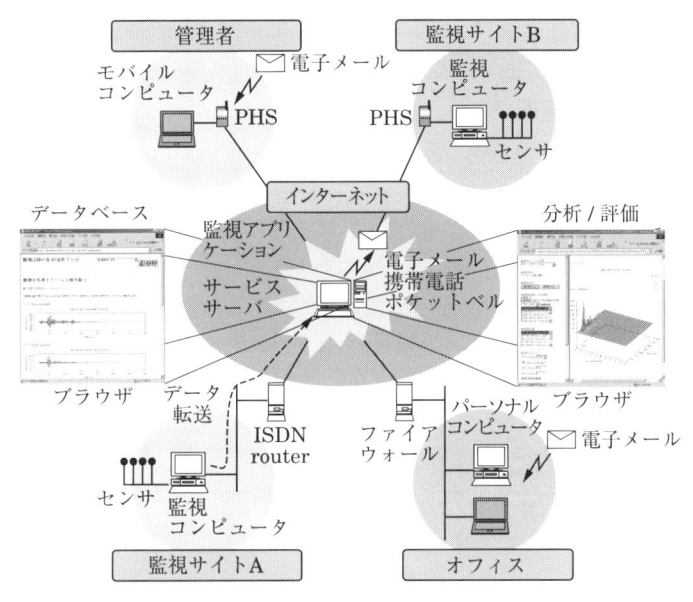

図 5.17 インターネットを利用した観測評価システム

持には不可欠である．この構造ヘルスモニタリングシステムは，免震建物の健全性確保を目的としたものである．センサとしては，サーボ型加速度計を16箇所，地震時に大きな変形を生ずる免震装置の変形計測のためにレーザ変位計を3箇所設置している．図5.16，図5.17に観測診断システムの概要を示す．これは，インターネットで常時アクセスが可能なシステムである．2005年現在，慶應義塾大学の三田研究室と共同で，システムの更新および診断手法についての研究が行われている．

5.3　無線センサネットワークの応用システム

5.3.1　無線センサネットワークシステムの概要

無線センサネットワークは，第2章，第3章に記した通り，1990年代中頃に

カリフォルニア大学バークレー校で開始された「スマートダスト（smart dust）計画[5.9, 5.10]」によって世界的な注目を浴び，以降，多くの大学や企業で研究が進められてきた技術である．

スマートダスト，すなわち「賢い塵」という名のとおり，無線センサネットワークを構成するセンサノードはごく小型であり，複数のセンサモジュールとプロセッサ，通信部及びバッテリを備える．2005年現在では約$5mm^2$の大きさにまで小型化することに成功しており[5.11]，今後さらなるダウンサイジングが見込まれている．また，1個あたり数百ドルかかる現在の製造コストに関しても，数年以内に数ドルの単位に引き下げることができるとする企業も現れている[5.12]．また，各センサノード間の通信方式もBluetooth[5.13]，IEEE 802.15.4[5.14]，Zig Bee[5.15]などの規格が提案・制定されており，今後上位プロトコルの規格化が進んでいくことでシステムの実用化が一気に高まることが期待される．

無線センサネットワークの最大の弱点は，各センサノードの小型化が求められることから，保持できるバッテリ容量が微小であることであり，電力消費量を低減させるスケジューリング方式（詳細については第3章を参照）やクエリ処理

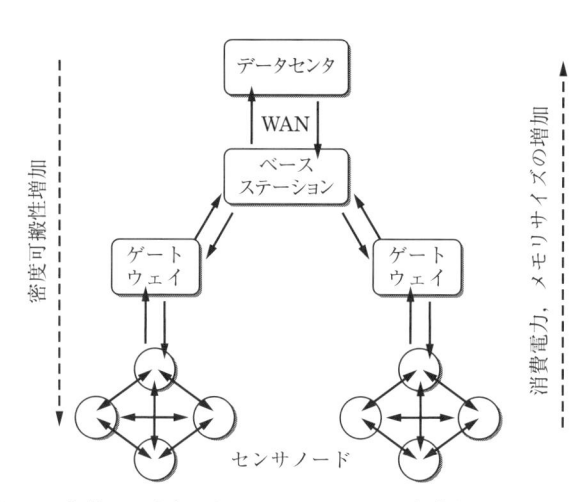

図5.18　無線センサネットワークシステムの一般的なアーキテクチャ

[5.16]の方式が提案されている．また，ネットワークアーキテクチャについても，センサの機能に応じた階層化を行うことでセンサノードの物理的な大きさに応じたタスク分散を志向している[5.17]．具体的には図5.18に示すように，最下層のセンサノードは超小型かつ限定されたセンサユニットを持ち，最小限のデータ処理，通信処理を行うことで電力消費量を最小化し，階層が上がるにつれてノードの大型化とタスクの複雑化を担うことで，電力消費量の増加に対応できるようになっている．なお，最下層をマイクロセンサノード (micro sensor node)，第2層をマクロセンサノード (macro sensor node) と呼ぶこともある[5.18].

5.3.2　実社会志向の応用システムに向けて

無線センサネットワークシステムの実用化に向け，ここ数年，多くの実験応用システムが提案・評価され，センサネットワークの基盤技術開発の原動力となっている．中でも，環境または特定対象物の観測を目的とした計測システムがその中心となっている．具体的には生態系調査，農業生産支援，ヘルスケア支援，コンテナの輸送管理，物流管理（サプライチェーンマネジメント）などへの適用が開始されており，領域ごとに現実世界に対応した様々な知見や要求が生み出されている．

5.3.3　環境モニタリング

2005年現在，センサネットワークの応用分野として最も活発な研究が進められている分野の一つが環境モニタリングである．低いコストで，これまで実現できなかった高精度の広域観測を可能にするためである．

一方，環境モニタリングと一口に言っても，具体的な研究対象は幅広い．ここでは生態系調査，農業生産支援を取り上げ，代表的な研究事例を紹介する．

(1) 生態系調査

我々の住む地球の生態系は極めて複雑であり，いまだに知られていないことが多い．しばしば新生物の発見があることなどは，その証左と言えるだろう．また，生息が確認されている生物であっても，生態が十分に解明されていないものも多

い．その一つの要因は，これまでの観測技術に求められよう．従来の観測技術は人手による観察記録か，ごく少ない観測地点のセンサデータに基づくものだった．どちらの方法であっても観測可能なサンプルは少数にとどまり，収集できる変量も限られたものとなってしまうため，生物種固有の特徴抽出にもおのずと限界が存在した．

このような状況において，無線センサネットワークシステムは低コストで密な観察地点の提供を可能とする．また，観察目的に応じた多様なセンサを各ノードに配することで，幅広い変量の計測を可能にする．

生態系調査においてとりわけ重要とされているのが，微気候（micro climate）と呼ばれるものだ．微気候とは，観測対象となる生物種が存在する環境において，生物種が主要な活動を行うごく小さな範囲の気候を示す．おおむね，生物種は個体の大きさに比例して環境変化への敏感さの変動を伴う．したがって，特に小型の生物種の生態調査を行う場合には，微気候の変化が重要な観測対象となるのである．たとえばある針葉樹の種子の発芽を考えてみよう．針葉樹は非常に多くの種子を生産し，地表へと撒き散らす．しかし，これらのうち発芽するのはごくわずかであり，さらにその中のごくわずかの発芽株が成長して大きな樹木となる．発芽，成長という淘汰のプロセスの中で，地表・地中の湿度や温度，土壌の性質，森林の密度，森林を構成する樹種の構成率，地表付近への日光の照射量，傾斜など，その決定要因は多岐にわたる．これらの計測については，高密度で高精細な計測システムがあってはじめて実現可能なものだ．また，生態系に新たな成長疎外の因子を与えないためにも，非侵襲性の高いシステムである必要がある．それゆえ，無線センサネットワークの適用が特に有望と考えられる．

● ウミツバメの生態調査

カリフォルニア大学バークレー校とアトランティック大学，インテルリサーチバークレー（Intel Research Berkeley）研究所は2002年より共同で，米国メーン州沿岸沖の無人島であるグレートダック島（Great Duck Island）において，無線センサネットワークを用いてウミツバメの営巣行動の観測を行う研究プロジェクトを進めてきた [5.18, 5.19, 5.20, 5.21, 5.22]．

5.3 無線センサネットワークの応用システム

グレートダック島はウミツバメの産卵地として，生物学者の間ではよく知られた場所である．ウミツバメは沿岸に生息する鳥で，警戒心が強く生態観測が特に難しい生物種の一つである．ウミツバメは夏の間，地下に穴を掘って営巣し，そこで産卵，孵化，子育てを行う．ウミツバメの巣穴は特定の場所に密集しており，これまでの研究ではなぜその場所を選ぶのかが明らかになっていなかった．

同プロジェクトでは，ウミツバメの営巣地に小型のセンサノード（MOTEと呼ばれるもので，数センチ角の小型の筐体の中に複数のセンサユニット，プロセッサ，メモリ，通信部を備えている．図5.19）を巣穴の内側と外側にしかけ，温度，湿度，気圧，明るさ，風の強さなどを測定した．これらのセンサノードからもたらされるデータの分析によって，巣穴の内外の環境変化と産卵率の関係や，環境変化に対する親鳥の習性などを知ることができるようになる．

2002年の実験では50個のMOTEからなるシングルホップ無線ネットワークを，2003年度は100個のMOTEからなるマルチホップ無線ネットワーク及びMOTEとは独立したネットワークに接続する赤外線カメラ1機を用いた．赤外線カメラは営巣地全体を観測し，MOTEからのデータの信頼性を検証するため

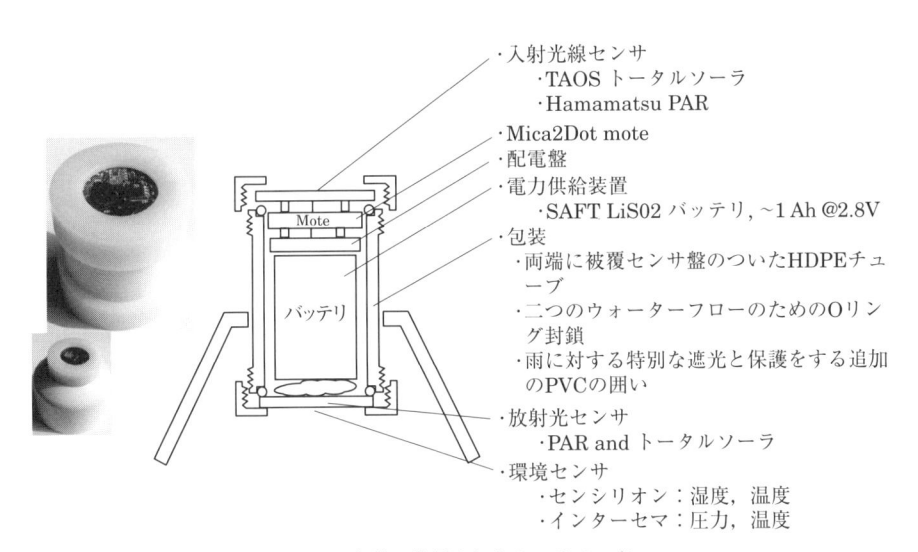

・入射光線センサ
　・TAOS トータルソーラ
　・Hamamatsu PAR
・Mica2Dot mote
・配電盤
・電力供給装置
　・SAFT LiS02 バッテリ，~1 Ah @2.8V
・包装
　・両端に被覆センサ盤のついたHDPEチューブ
　・二つのウォーターフローのためのOリング封鎖
　・雨に対する特別な遮光と保護をする追加のPVCの囲い
・放射光センサ
　・PAR and トータルソーラ
・環境センサ
　・センシリオン：湿度，温度
　・インターセマ：圧力，温度

図 5.19　実験で使用されたセンサノード

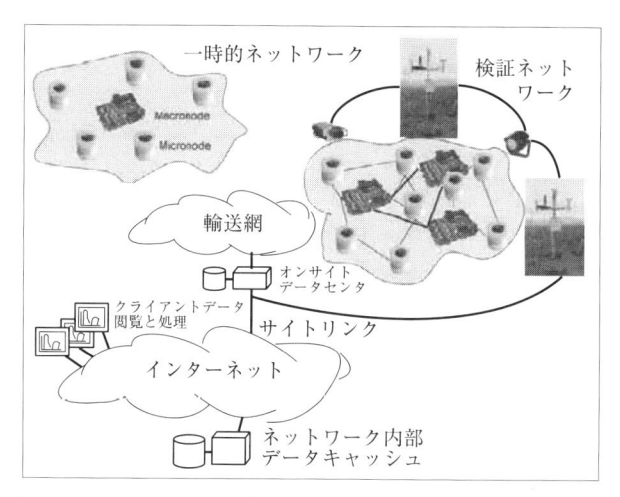

図 5.20 グレートダック島のウミツバメ生態調査システム構成図

のものである．2003年の実験システム構成を図5.20に示す．

　各センサノードは，特定のサンプリングレートで収集したデータをパケットに詰め込み，定期的にゲートウェイへ送信する．ゲートウェイは数百メートル離れたベースステーションと無線通信し，集まったデータを逐次転送する．ベースステーションは灯台の中に設置されたPCであり，中にリレーショナルデータベースを保持する．ゲートウェイから送られてきたデータは一旦ベースステーション上のデータベースに格納され，衛星通信システムを介してバークレーにあるインテルリサーチのデータセンターと同期を取る．これらのデータがインターネット上に公開され，オフサイトで直近までのデータ閲覧と過去のデータを用いた分析を可能にしている．また，サンプリングレートの変更，直近のステータスのレポート，センサユニットのキャリブレーション手続きの起動など，ごく少数に限定されたMOTEへのコマンド送信はデータの送信と逆順で行われる．図5.21は，インターネット上に公開された同プロジェクトのサイトであり，ここを通じて収集データの検索と簡単な分析が可能である．

　同プロジェクトによって，これまで知り得なかった詳細なウミツバメの生態が

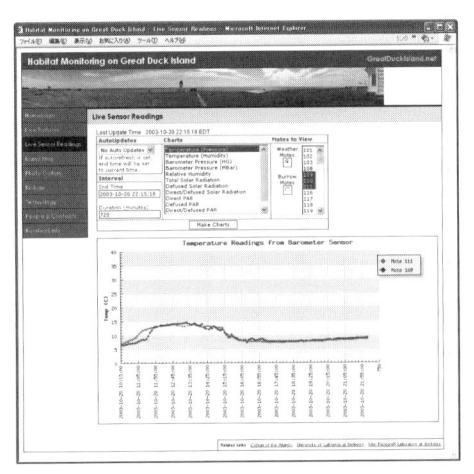

5.3 無線センサネットワークの応用システム 211

図 5.21 ウミツバメ生態調査プロジェクトサイト

明らかになり，生物学者にとって貴重な研究の礎が築かれた．また，実装システムに関してもルーティング，タスクサイクリング，各センサノードのリモート診断などの要素技術について，フィールドテストを通じた評価によって多くの改善の糸口がもたらされたことも重要である．これらの結果は，ルーティング[5.23, 5.24]やタスクサイクリングなどのセンサネットワークの要素技術，システム開発環境[5.25]の改良にもフィードバックされ，有効活用されている．

● 自然保護林の生態調査

　カリフォルニア大学ロサンゼルス校とリバーサイド校は，2002年よりカリフォルニア州南部，サンジャキント山系(San Jacinto Mountains)のジェームス自然保護区(James Reserve)で，センサネットワークを用いた森林の生態調査プロジェクトを開始した[5.26]．

　ジェームス自然保護区はファルモア湖(Lake Fulmor)から流れ出る川沿いの急傾斜地に位置しており，針葉樹林，広葉樹林，かん木地，草原とバラエティにあふれる植生に多くの動物種が生息する．同プロジェクトでは，ジェームス自然保護区の特徴，すなわち一定エリアの中に変化に富んだ環境が存在することを生かし，様々な観察対象に向けて，複数のサブプロジェクトを組んで調査を進めて

いる．また，各サブプロジェクトが共用のインフラを用いることで，プロジェクト全体の生産性を高めていることも特徴の一つである．2003年に実施または計画された実験は，「鳥の営巣と繁殖行動の観察」，「コケ類の生態調査」，「横断標本地の微気候変化の観測」の三つであった(図5.22)．このうち3番目のサブプロジェクトは，2004年4月の時点では計画段階である．

　鳥の営巣と繁殖行動の観察は，サイトオリエンテッドな調査手法をとっている．つまり，あらかじめ異なるロケーションに設置した複数の木製の巣箱にセンサノードを設置して，それぞれの環境に応じてどの巣箱が利用され，微気候の変化に応じて産卵やヒナの発育がどう変化するかを調べるものである．

　巣箱に設置されたセンサは，箱の外側の温度と湿度，箱の内側の温度と湿度，天井部の日射量，巣箱直下の土の水分量，バッテリ残量のそれぞれを計測するものである．また，箱の内側にはモーションセンサが取り付けられており，巣箱内で動きがあった場合にはその検出をトリガにしてビデオカメラを起動する仕様である(図5.23，図5.24，図5.25)．また，収集したデータは無線LANを通じて実験本部のロッジ内に設置されたサーバに送信された．

　調査用の巣箱は12個が用意され，植生の違いに応じて配置が行われた．この

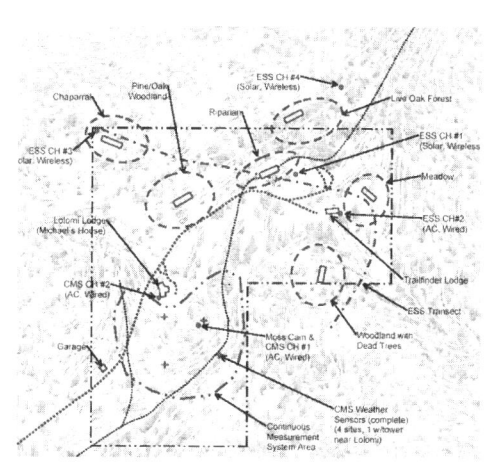

図5.22　ジェームス自然保護区の調査フィールド図

5.3 無線センサネットワークの応用システム

図 5.23 巣箱観察用センサノード1

図 5.24 巣箱観察用センサノード2

図 5.25 巣箱観察用センサノード3

うちある巣箱では，スミレツバメ (Violet-green Swallow) の営巣，産卵，孵化が観察された．孵化後は通常より低い気温が続き，5日後にはヒナの死亡が確認された．この間に記録されたビデオデータを解析すると，巣箱内の温度が低いため，親鳥が集餌のために巣箱を離れることができず，結果として餓死を引き起こしてしまったことがわかる．実際の森林でこのような詳細な観察調査はこれまで

ほとんど行われておらず，今後の継続調査によってこれまでよく知られていなかった野鳥の巣立ち前の変化が観察可能となることに期待が集まっている．

コケ類の生態調査は，窒素やリンなどの地中の養分の変動，地中の水分，土の呼吸量（CO_2排出量を利用）などをもとに観測が可能である．これを実現する装置としてCO_2センサ，水分センサとともに小型の地中観察カメラが開発され，調査フィールドに埋め込まれた．地中観察カメラは長さ1m，幅10cmの大きさを有し，それぞれが隣接するように15個が設置された．収集データは巣箱観察のシステムと同様に，無線LANを通じてサーバに送られる．これらのデータはコケ類のみならず，菌類や地中生物の生態調査にも有効であり，今後の幅広い活用が見込まれる．農業生産支援のデータ収集基盤としても高い価値を持つことになるだろう．

横断標本地の微気候変化の観測は無線センサネットワークの実証実験として，プロジェクトの中で最も規模の大きいものである．実験エリアには針葉樹林，混合樹林，川沿いの急傾斜地，草原，枯木林などが存在し，それらをつないだ横断標本地の設定が可能である．約600mの横断線上に40個，植生に応じた五つの標本エリアには20個程度の無線センサノードを備え，横断線上のセンサノードはマルチホップ通信を行ってゲートウェイ機能を持つマイクロサーバにデータを送り出す．各センサノードは，Crossbow社が製造するMICA1 MOTEである［5.27］．標本エリア内のセンサノードは階層型のネットワークアーキテクチャを持ち，クラスタヘッドと呼ばれるセンサにデータを集約してからマイクロサーバにデータを転送する［5.28］．マイクロサーバは無線LANを通じて実験本部のサーバにアクセスし，リレーショナルデータベースに収集したデータを書き込む．

- 西宮市における環境情報取得実験の例

兵庫県西宮市では，複数のセンサをネットワーク化して環境情報取得を試みる実験を行っている．この実験は，総務省近畿総合通信局のセンサネットタウンに関する調査検討会実証実験として行われた［5.29］．

全体のシステムは図5.26のようになっている．大きく分けて2系統のシステムを実験することにしたため，その主な設置場所から「空のセンサネット」と「緑

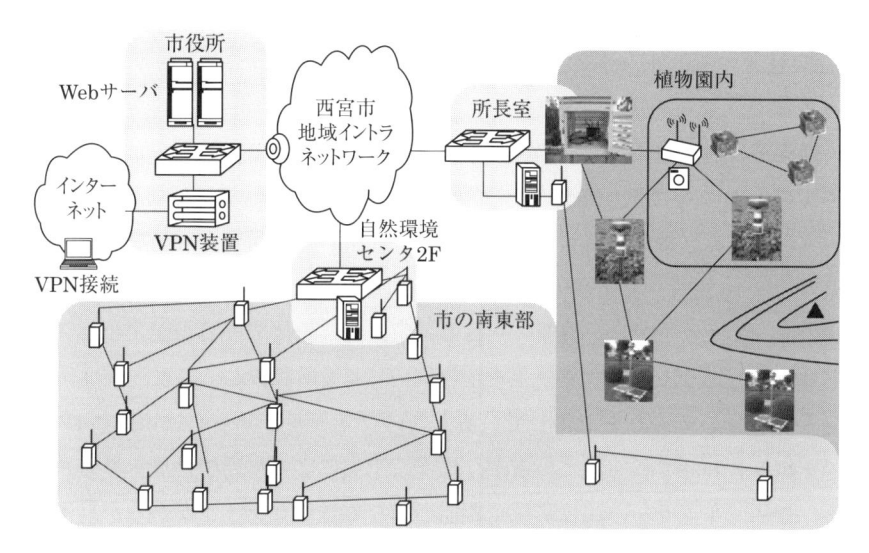

5.3 無線センサネットワークの応用システム

図 5.26 試験システム全体ネットワーク構成図

のセンサネット」と呼ぶことにしている．

西宮市の地域イントラネットワークを使用し，甲子園浜周辺（空のセンサネット）および北山緑化植物園内（緑のセンサネット）に設置されたセンサを，市役所からIPネットワークを利用してモニターすることができる．図5.27はインターネット上に作成された閲覧ページであり，登録ユーザはこのようなセンサのデー

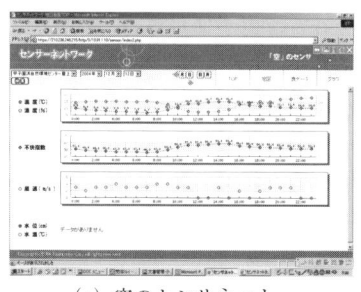

(a) 空のセンサネット　　　　　　(b) 緑のセンサネット

図 5.27 センサ情報のWeb閲覧ページ

タをインターネット上でグラフィカルに見ることができる．

　NEC社製の429MHz帯を使用した特定小電力無線機とセンサを空のセンサネットとして，ビルの屋上，電柱，水門など複数箇所に設置し，風速・風向・温度・湿度・日射・水位・水温のデータを取得している．この機器には合計4チャンネルのセンサを接続することができ，数百m先に無線で送信できる．また，マルチホップ転送機能も有し，複数無線機を経由しての通信が可能である．甲子園浜周辺に16箇所，北山緑化植物園に2箇所設置している．

　緑のセンサネットでは，農業・生物系特定産業技術研究機構が開発したフィールドサーバというセンサロボットを植物園内に4箇所設置し，温度・湿度・土壌水分・日射量のデータを取得している．このフィールドサーバは市販のIP対応機器を組み合わせて作られているが，様々な工夫により耐環境性能も考慮されている．フィールドサーバには形状や機能の異なる様々なタイプがあるが，すでに国内外にて合計600台程度の導入実績がある．

　この実験では，このフィールドサーバにアドホック無線LAN通信機能が付加されていることが面白い．これは，フィールドサーバ同士がアドホックに通信を行い，パケットを宛先に向けて最適ルートを通ってマルチホップに転送することができる機能である．無線LAN環境がないところでも，1台のフィールドサーバから全フィールドサーバのデータを取得できるメリットがある．この機能は，Ad hoc On-Demand Distance Vector（AODV）Routing Protocol（RFC 3561）を用いて実現されている．具体的には，Cisco Systems社のルータ（Linksys WRT54G）上で，ThinkTube社のソフトウェア技術が使用されている．AODVが実際に実装されている点では他に類を見ないだろう．

　また，植物園内の温室にはセンサネットワークとしてCrossbow社のMICA MOTEも設置し，温度・湿度・光のデータを取得している（図5.28）．

　緑のセンサネットでは，フィールドサーバにより植物園内に無線LAN環境ができあがるため，無線LANを使用して制御するロボットも動作可能である．実証実験で使われたロボットはPCにカメラと車輪がついた非常にシンプルなものであったが，庭園巡回ロボットへの発展が期待される．お互いに通信することで

(a) 無線センサ　　(b) フィールドサーバ　　(c) MICA MOTE

図 5.28　緑のセンサネットワーク

自律的に動くロボットには，階層型の通信方式よりもこのようなアドホック・マルチホップ転送の通信が向いていると言えよう．

(2) 農業生産支援（精細農法と無線センサネットワーク）

世界の総人口は，2050年までに現在の60億人から90億人に増えると言われている [5.30]．人口増加に伴い，様々な社会問題が生じることが懸念されるが，中でも最も重要な問題の一つが，食料生産が人口の増加に追いつかなくなる問題である．原始的な農法が地球の砂漠化に拍車をかける一方，肥料や農薬，灌漑設備を伴う近代農法によっても土地の疲弊は進み，単位あたりの生産性が年を追うごとに減っていることが知られている．このような八方ふさがりの状況に有望な解決策を提示するのが「精細農法」[5.31, 5.32] である．

精細農法は無線センサネットワークを基盤とし，細かく区分されたエリアからもたらされる詳細なデータに近代農法で培われた知識を適用し分析することで，最小限の肥料，農薬の散布，灌漑を支援するものである．このような農法の適用によって，農作物が人間の健康に与えるリスクが低下するだけでなく，土地の疲弊を抑え，耕作地の生産性を高い水準で維持することが可能になる．

2002年より，Intel Reseach 社は米国オレゴン州のブドウ畑で精細農法を実現するための実験プロジェクトを開始した [5.33, 5.34]．同プロジェクトでは，将来的に農薬散布，灌漑を自動化し，詳細な生産上の問題を生産者に適宜レポートするシステムの構築を目指している．2002年の実験では，ブドウのカビによる被害を未然に防ぐためのセンサネットワークシステムを，18個のMOTEを用い

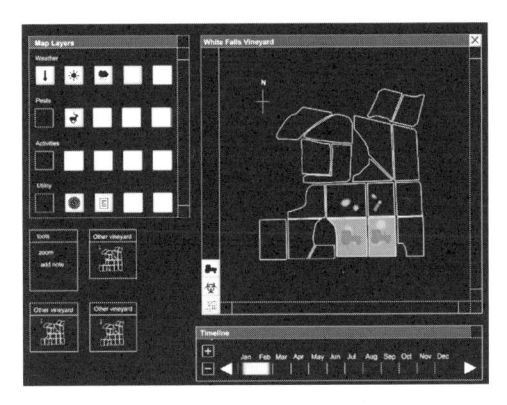

図 5.29　ブドウ畑管理者用のユーザインタフェース

て実装した．それぞれの MOTE は外気温を計測し，マルチホップ通信を行ってデータを転送する．収集されたデータからは，MOTE の位置ごとの一日の最高気温，最低気温が抽出された．それらを時系列のパターンとし，これまでのブドウ生産の知識から得られたモデルと照合することによって，カビによる被害が発生しそうな地点を発見する．図 5.29 は，ブドウ畑の管理者用に実装されたカビによる被害のリスクを可視化するソフトウェアのユーザインタフェースである．カビによる被害発生のリスクが高い領域，カビ防止のための農薬が散布された領域などが色別に可視化され，データの閲覧性を高めている．

これまでのところ，農薬の散布や施肥については GUI ベースの入力を用いているが，今後はシャベルや農薬散布器などの道具に MOTE を内蔵（データミュールと称されている）し，それらと耕作地内の MOTE とがデータ交換をすることで，疎な無線センサネットワークであってもロバストなデータ収集を可能にする計画が検討されている．

5.3.4　ヘルスケア支援

健康に長生きすることは人間の基本的な欲求の一つであるとともに，今後の社会的争点として重要性を増していくものである．ここ数十年の間に，先進諸国を

中心に高齢者人口の大幅な増加が見込まれており[5.35]，医療保険制度，介護保険制度などの社会福祉政策，さらには医療システムそのものの品質維持・向上を図る上で，高齢者の医療費削減は見過ごすことのできないものだからである．高齢者が健康を維持するためには，疾患を未然に防ぎ，また疾患後にも自立した生活を送ることによって，精神的・肉体的な衰えを抑止する必要がある．ここではこの二つの問題，すなわち疾患予防と自立型介護支援の双方にセンサネットワーク技術が貢献しうる代表的な研究事例を通じて，今後の研究の方向性を示す．

(1) 疾患予防

健康を維持するための最も効果的な方法は，疾患を予防することである．健康診断や人間ドックを定期的に受診し，受診結果をもとに生活改善を図ることは疾患予防の第一歩となろう．しかし，これらの診断によって収集され，分析されるデータはユーザの生体情報のごく一部であり，膨大な生活時間の一時点のものに過ぎない．したがって，あらゆる疾患のリスクを健康診断や人間ドックを通じて知ることは，現実的に不可能である．

センサネットワークはこのような状況に対して，時間的に密な生体データの収集と分析の環境を提供することで，有用な予防医療の機会をもたらす．生体データは，ユーザの自宅に設置された各種センサノードや携帯電話などのモバイル・ウェアラブル機器に内蔵されたセンサノードにより収集することができる．収集されたデータには統計処理や機械学習によるモデル化などが施され，健康状態の重要な変化をユーザ自身あるいはかかりつけの医師などがいち早く知ることが可能になる．

● ヘルスウェアによる疾患予防

マサチューセッツ工科大学で進められているヘルスウェア研究は，これまでに見てきた無線センサネットワークのアーキテクチャとは異なり，ユーザが日常的にセンサノードを身につけて生体データを収集するというウェアラブルセンシングの方式を採用している．MIThrilと呼ばれるヘルスウェアシステムは，ウェアラブル型のセンサノード(図5.30)，通信用ミドルウェア，データ解析エンジン，アプリケーションから構成され，センサノードで収集されたデータをリアルタイ

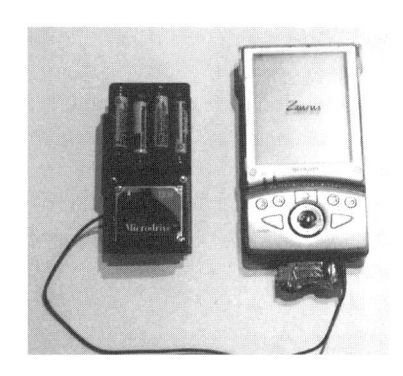

図 5.30　MIThrilのセンサノード

ムに利用できることを目指している［5.36, 5.37］．

　センサノードには加速度センサ，赤外線アクティブタグリーダ，近接センサ，バッテリモニタ，GPS，心電センサ，筋電センサ，電流皮膚反応センサ，皮膚温センサ，音声入出力が内蔵されており，RS-232Cインタフェースを通じて脳波や呼吸量などのセンサを追加できるようになっている．センサノードはスタンドアロンでも機能するが，PDAや携帯電話とのインタフェースとしてMIThril body busが用意されており，これを用いればデータの入出力とセンサへの電源供給が可能である．

　センサで収集されたデータはデータ解析エンジンでA/D変換され，統計処理により特徴量の抽出が行われる．その後，機械学習の手法を適用したモデル化がなされ，ユーザの行為，位置，発話，精神の状態などが特定される．さらにモデルのシーケンスを追っていくことで，異常な状態を発見することができる．

　このようなシステムを疾患予防に適用した例の一つが，精神疾患の兆候発見の実験である．これまでの精神疾患の研究から，ユーザの発話や体の動きから躁鬱あるいは統合失調症の兆候を発見できるという．実験では，23人の被験者にMIThrilセンサノードを装着してもらい，家族，友人，他人などとの会話を延べ1,700時間収集した．これを解析エンジンにかけたところ，85％のデータのモデル化に成功し，兆候発見につながる有力な手がかりを得たという．

5.3 無線センサネットワークの応用システム 221

また，ハーバード大学では，CodeBlueというプロジェクトが実施されている[5.38]．CodeBlueは，健康確認（vital sign）センサノードと各種無線デバイスを複合して緊急医療を支援するインフラである．健康確認センサノードは，カリフォルニア大学バークレー校で開発されたMICA2 MOTEにパルス型酸素濃度計と心電図センサを組み合わせたものである．この健康確認センサノードにより，

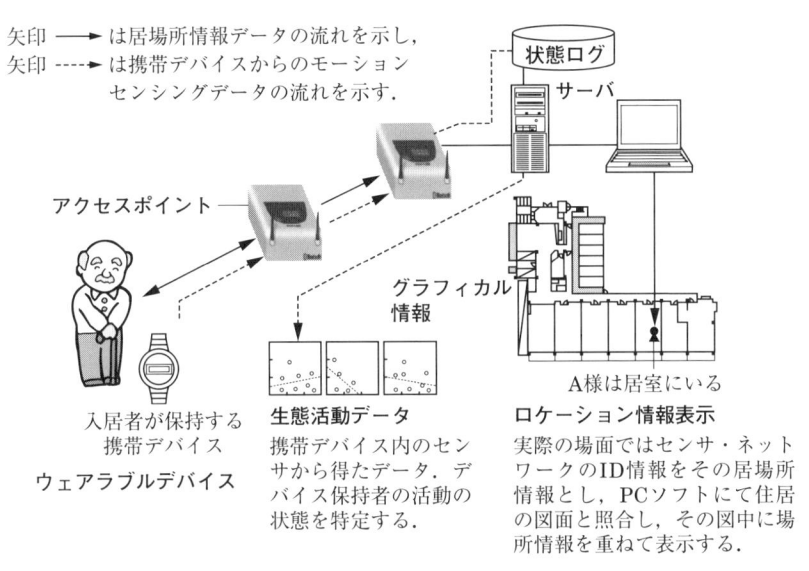

図 5.31　無線センサネットワークによる医療・介護システム

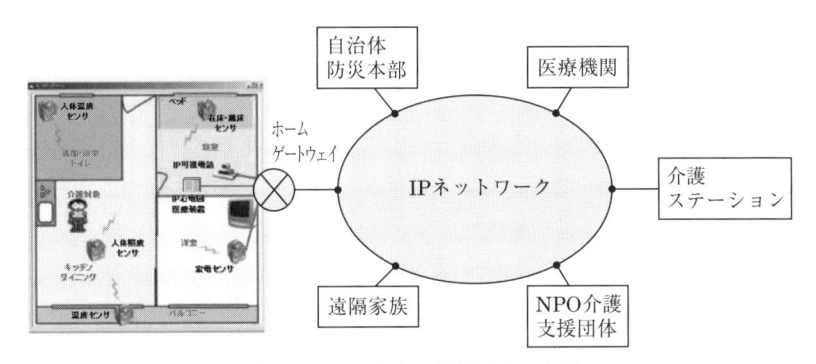

図 5.32　ネットワーク経由の遠隔医療・介護システム

取り付けた人の経皮的動脈血酸素飽和度と脈拍を発信することができる．健康確認センサノードから発信された情報は，PDA で閲覧可能となっている．その他に CodeBlue には，MOTE Track という位置特定の仕組みを設けている．これは，移動する MICA2 MOTE が，複数の固定したビーコンノードからブロードキャストされる参照情報と受信電波強度を用いて位置を特定するものである．

国内では松下電器産業において，センサネットワークを利用した在宅ヘルスケア支援システム [5.39] が開発されている．これは，在宅の高齢者患者の健康状態を電子県境モニタで取得し，自宅から医療機関に携帯電話網等の無線インフラを介して医療機関に送り，アドバイスを受けられるようにするものである．また，富山県高岡市にはウェルフェアテクノハウス高岡が建設され，無意識生体計測技術を用いた浴槽内心電図，ベッド上での心電や体温計測，あるいはトイレ内での体重・排泄量・排尿速度計測等の実証実験が行われている．

(2) 自立型介護支援

疾患あるいは視力，体力の衰えなどから介護が必要となったユーザにとって，介護施設に生活の居を移すのか，自宅での生活を続けていくのかは重大な選択となる．これは，長い年月をかけて築いてきた生活の基盤を手放すのか否かといった情緒的な意思決定もさることながら，介護費用を含めた生活費をどのようにまかなっていくかという経済的な問題に対する決断を含んでいる．イギリスの研究者による試算によると，介護施設に入所してそこで生活を営む費用を 100 とした場合，自宅で介護を受けて生活を営むコストは平均的に 55 程度であるという [5.40]．

一方で，一人暮らしあるいは高齢者のみの介護世帯について考えてみると，本人のみならず子どもや兄弟，友人などにとっても，いざというときの対応には大きな不安を抱かざるをえない．このような状況においても，センサネットワークは有効な役割を果たしうる．実際に多くのセンサネットワークの応用システムとして，被介護者の疾患の悪化，アクシデントなどを判別し，血縁者やかかりつけの医師などに通報するシステムが提案されている [5.41, 5.42]．また，体力的あるいは認知的な衰えを負い，完全に自立した生活を送ることが難しいユーザにと

っても，センサネットワークは有用な支援を行うことが可能である．

● アルツハイマー患者の自立生活支援

　アルツハイマー病は，特に高齢者に多く発症する認知的疾患の一つである．痴呆と呼ばれる記憶障害のうち，およそ60％がアルツハイマー病であるという報告もある[5.43]．日本のアルツハイマー病患者は，今後20年のうちに倍増することが予想される[5.44]．アメリカにおいては，現在の患者数およそ400万人が2050年までに1400万人に増えることが見込まれている．

　アルツハイマー病患者が自宅で生活を営んでいく際の重要な課題は，介護者がいない状況であっても，患者が最低限必要な日常行動を自律的に行えるようにすることである．たとえば，アルツハイマー患者が遭遇するトラブルとして，飲食を忘れてしまうことがある．不幸にしてこのようなトラブルが続いてしまった場合，患者は脱水症状や栄養失調に陥ってしまうケースも存在する．このような問題を未然に防ぐためにも，システムはユーザの状態を継続的に把握し，必要な行動支援を能動的に行う必要がある．

　Intel Reseach社が現在進めている研究プロジェクトでは，アルツハイマー病患者を対象に，能動的システム支援を目指した取り組みが進められている[5.43]．

　ユーザが定期的にお茶を沸かすことを支援するアプリケーションでは，ポット，ティーカップなどにMOTEを内蔵し，地磁気データの変化をもとにそれらが動かされたかどうかを判別することで，摂取の状況を自動的に推定することができる．一定の時間を経てもユーザがお茶を沸かしていないことがわかった場合，システムはユーザのいる部屋に設置されたテレビにお茶のコマーシャルを流すなど，ユーザがお茶に対して興味を喚起するメッセージを送る．それから一定時間を経てもユーザの反応がない場合は，より直接的にテレビ画面上にお茶を飲むことを薦めるメッセージを表示する．ユーザは，お茶を飲もうと移動している間にも目的を忘れがちである．キッチンのキャビネットや引き出し，その他様々なものに取り付けられたMOTEからのデータをもとに，システムはユーザの行動を追跡し，目的にうまくたどり着かないことが判明した場合にはキッチン内のテレビ画面に支援を申し出るメッセージを表示する．ユーザがこれを受け入れた場合，

システムはユーザの行動を監視しながら，ティーバッグやカップのある位置，お湯を注ぐ方法，砂糖を入れる量などのうち，ユーザが失敗したと思われる行為のみを画面上に示して，注意の喚起を促すものとしている．

別のアプリケーションでは，ユーザがリビング内で取っている行動を監視して，異常事態が起こった場合には介護者に通知する機能を提供している．アルツハイマー患者は徘徊などを引き起こしがちで，一度このような事態が生じてしまうと介護者は大きな労苦を強いられる．したがって，ベッドやソファ，床などにMOTEを内蔵し，「ユーザが外出しようとしている」，「イスから滑り落ちそうになっている」といった状態を介護者に通知することで，危険を未然に防ぐことができるものとなっている．

5.3.5 　教育支援

今日の教育行政においては，「ゆとり教育」という標語や小学校の授業に取り入れられた「総合的学習」などに見られるように，今後の教育のあるべき姿として生徒個々の資質と関心を重視した多様性のあるカリキュラムが志向されている．しかし，多数の生徒を一人の教員が指導するという現状の教育システムの延長線上でこのような試みを成功させることは，大きな困難を伴う．教師には，これまでの指導要領に沿ったカリキュラムの作成・実施に加えて，個別に適切な指導を行うという重い負担が課せられるためである．

このような状況においても，センサネットワークは有効な支援を果たしうる．センサネットワークによって，個別の生徒の学習の進捗，生徒間のコミュニケーション，関心の対象などが明らかになり，これらのデータを元にした具体的な指導の方針を得ることができるようになる．

● 幼稚園における実験

カリフォルニア大学ロサンゼルス校では，幼稚園の児童ごとに学習やコミュニケーションを追跡してステータスをレポートするとともに，児童の行為に適応的にふるまう学習環境の構築を目的としたSmart Kindergartenと称するプロジェクトを2001年より開始している[5.45]．

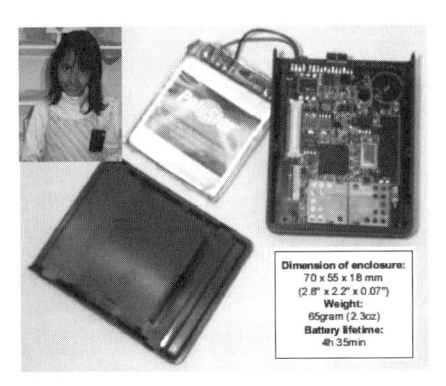

figure 5.33 iBadgeの試作機

　同プロジェクトでは，児童にiBadge[5.46]（図5.33）と呼ばれる無線センサノードを装着してもらい，個別のデータ収集を行う．iBadgeは，超音波と電波を併用した室内測位機構，地磁気センサ，傾きセンサ，温度センサ，湿度センサ，光センサ，気圧センサ，バッテリ残量計，音声入出力などの機能を持ち，室内に取り付けられたビデオカメラのデータとともに，Sylphと呼ばれるミドルウェアで統合的に処理を行う．

　iBadgeは遊具などにも取り付けられており，児童それぞれがどの遊具を，どのような扱いで，どれだけ長く手にとっているかを明らかにすることができる．また，児童同士の会話をSylphで解析することにより，どのようなグループが形成されてどのような関係性が構築されているか，グループ内ではどの言語が使用されてどのようなコミュニケーションがなされているか，といったことを知ることができる．実際にiBadgeを用いることで，数字を振った積み木を並べて数字の順序を学んだり，何らかの法則を見つけ出すような取組を追跡し，児童ごとの学習の進捗や資質を把握する試みが進められている[5.47]．

5.3.6　ビジネス支援

　ここ数年，無線ICタグの実用化がパッケージメーカ，運輸業，小売業を中心に大きな話題になっている．世界最大の小売業者であるウォルマート社（Wal-

Mart Stores Inc.) やドイツ最大の小売業者であるメトロ社 (Metro AG.) では，取引先に対して出荷パレットに無線 IC タグの装着を義務付ける方針を打ち出しており，まず物流管理(サプライチェーンマネジメント)から本格的な普及が進んでいくことが見込まれている．また，消費者向けサービスとして，農産物の出荷元情報，生産管理情報などのトレーサビリティ情報を提供する実験が行われている [5.48]．筆者らが行っている研究では，アクティブ型無線 IC タグを用いて検出した消費者の店内位置と過去の購買歴などをもとに，個別の消費者に有用な情報を推定し，店内ナビゲーションなどを提供するシステム開発などを行っている [5.49]．

　無線 IC タグがビジネス界に大きな影響を与えている要因の一つは，無線通信によるデータ処理の自動化である．この実現によって，商品の入出荷や店頭・バックヤードでの商品在庫の管理が飛躍的に効率化し，小売業者にとっては低いコストで店舗運営が可能になるためだ．センサネットワーク，とりわけ無線センサネットワークが今後注目を集めるのは，IC タグが管理する比較的スタティックな情報に代わって，センサが記録するダイナミックな情報を物流段階から管理するという形で，無線 IC タグビジネスの流れの中に位置付けられることになるだろう．

● 貨物管理支援

　野菜，肉，魚などの生鮮品やチーズ，ハムなどの加工食品，ワインなどは，輸送管理や在庫管理の方法によって品質が大きく変化する商品である．たとえば，船でワインを輸送する途中で時化に遭って長時間大きく揺すられたり，コンテナの空調が故障して高温や多湿にさらされたりした場合に，消費者や小売業者が求める品質が損なわれるという事態が起こることがある．このような場合に，輸送管理あるいは在庫管理の過程の温度，湿度，加速度などを記録し，傷みが生じた商品を特定できれば，消費者と小売業者の間の信頼が損なわれるリスクを減らし，さらに小売業者にとっては手間のかかる品質チェックを効率化して，物流コストを減らすことが可能になる．実際に輸送管理に無線センサネットワーク技術を利用した例として，PSA コーポレーション，ハッチソン・ワンポア，P&O ポーツ

の大手港湾運営3社が共同で開発したシステムがある [5.50]．

　システム開発のもう一つの目的はテロ対策である．放射線や化学物質，バイオ成分などを検出するセンサノードを各コンテナに組み込み，水際で危険な積荷を発見することを試みている．現在のところ，輸送中に許可なくコンテナが開けられた場合の検知ができる実装が実現されているが，今後，上述のセンサ，さらには品質管理を目的としたセンサを組み込むことによって，海上輸送のみならず陸上輸送，倉庫保管など，コンテナ輸送の全行程での積荷の管理が可能となることが見込まれている．

5.4　センサネットワークの今後の課題および広がり

5.4.1　センサアクチュエータネットワーク

　センサネットワークの研究では，固定されたセンサノードにより受動的にデータを取得することを前提とした議論が多い．しかし，取得したデータに応じてアクチュエータを用いて外界に働きかけ，能動的にデータを取得することもセンサネットワークの重要な応用として考えられる．センシングおよび通信機能にアクチュエータを備えたセンサノードを含むネットワークを「センサアクチュエータネットワーク」と呼ぶ．たとえば，センサノード自身に移動能力を持たせることで，センシングエリアやネットワーク構成を通信やセンシングの状態，周囲の環境に合わせて物理的に変更することが可能となる．この観点において通信機能を持つロボットは，センサとアクチュエータを備えた通信ノードとみなすことができるため，センサネットワークの移動ノードとしてロボットを応用する研究が注目されている．

　一方，ロボットの研究分野では，従来，ロボット自身の知能化研究が主として行われてきたが，分散知能ロボット研究の発展から，1990年代よりロボットだけでなく周囲の環境を知能化する試みがなされてきた．これはユビキタスコンピューティングの概念と結びつくこととなり，その実現手段の一つであるセンサネ

ットワークはロボット研究者にとっても興味深い存在となってきた.

ここにおいてセンサアクチュエータネットワークは,センサネットワーク,ロボティクス双方の研究分野において注目されはじめ,様々な研究が行われるようになってきた.これらの研究は多種多様であるが,

① アドホックネットワークの構築とノード,情報の管理
② センサネットワークを利用したロボットの制御やサービスの提供

の二つに大きく分類されると考えられる.①はノードの移動を積極的にデータ配送の手段として用いる研究の延長として進んでおり[5.51, 5.52, 5.53],具体的な事例としてRobomoteがある[5.54].移動ノードによってアドホックネットワークを構築し,ノードや情報の管理を行う[5.55, 5.56, 5.57]事例の他,消費エネルギー最小化を考慮してネットワークを構築するWISER[5.58]が報告されている.②の研究例として,Smart Room[5.59]やRobotic Room[5.60]に代表される環境型知能ロボットシステムや,知的通信デバイスの開発[5.61]をはじめとして作業分配[5.62],ナビゲーション[5.63, 5.64, 5.65, 5.66],レスキュー[5.67, 5.68]等のロボット制御,知覚や通信手段としてのセンサネットワークの利用など,様々なアプリケーションが提案されている.

センサアクチュエータネットワークは地形や障害物の配置といった環境形状,照明や大気の状態,通信状況といった環境条件などに適応してセンシングエリアや通信ネットワークを自律的に構築し,さらにそのネットワークと情報を利用して移動ノードを兼ねるロボットが知的に動作するシステムを実現する.そのためには,センサネットワークとロボティクスとの相補的な技術融合が不可欠であり,今後の発展が期待される.

5.4.2　ヒューマンインタフェース

人とコンピュータの接点におけるインタラクションに関する研究領域であるHCI(Human Computer Interaction)において,センサ技術は古くから利用されている.たとえばTangible Bit[5.69]は,電子情報(ビット)の操作を物理的な物(アトム)で行うことにより,人と親和性の高いインタフェースを実現するた

めのコンセプトである．このアトムの動きを監視する役目，すなわちビットとアトムの架け橋となる技術がセンサである．今後，微小な無線センサが実現されることで人間自身にセンサを付着し，その人の動作やさらには感性などを高精度で取得することが可能となるであろう．このような技術により，ジェスチャ [5.70] や思考 [5.71] によるコンピュータの制御が期待できる．

これに付随して，センサから得られた測定値をもとにして人間自身や人間が置かれている状況を推定するための技術（コンテキスト推定技術）も重要な技術課題となる．現在は，主にユビキタスコンピューティングの分野の研究者が中心となり，様々な実験的研究を通じてコンテキスト推定の手法を模索している段階にある [5.72, 5.73]．また後述するように，コンテキスト情報はプライバシーと密接な関係があり，その情報をネットワーク上でどのように流通させるかといった問題や，個人に関するコンテキスト情報がネットワーク上で一人歩きしないようにする方法に関する議論などが活発に行われている．現時点では，コンテキストの推定技術やプライバシーの保護技術において決定打といえる技術は存在しないが，今後センサネットワークが社会インフラとして普及し，ビジネスと結びつくような世界が来るとするならば，これらの技術の確立は避けて通れない課題となる．

5.4.3　実装と管理

センサノードの究極の目標として，MEMS 技術を利用したスマートダスト [5.10] が注目されている．MEMS 技術によりセンサノードの小型化は実現されるが，センサネットワークによるインテリジェンス化を目的とすると，対象とするシステムに応じて，対象のアプリケーション要求を満たすだけの性能を持つノードを選択することが重要である．センサノードは，現時点では次のように分類できる．

(1) 汎用コンピュータ

PC/104 といった組込み PC, Sensoria WINS [5.74], μ (マイクロ) T-Engine [5.28] といったカスタム PC などがこの分類に含まれる．これらのハードウェアは豊富なリソースを保持しているため，WinCE, Linux やリアルタイム OS が稼

動し，BluetoothやIEEE 802.11といった標準的な無線通信が利用できる．また，既存の通信プロトコルや多くの開発言語，ミドルウェア，アプリケーションソフトウェアが利用できるため，非常に魅力的なプラットフォームとなる．しかし，一般的に多くの電力を必要とするため，電力が問題とならない環境での利用に限られる．

(2) 組込みセンサノード

UCB MOTE群，UCLA Medusa群[5.75]，Ember[5.76]，n(ナノ)T-Engineとp(ピコ)T-Engineなどがこの分類に含まれる．これらのハードウェアは，市販されている部品のセットで組み込まれている．電力容量が限られているため，ハードウェア，ソフトウェアの処理において省電力が重要視される．とりわけUCB MOTE群にはオープンソースのソフトウェア開発環境が提供されており，早い段階からCrossbow社から製造販売されている．そのため，センサネットワークの研究コミュニティを中心に広く利用されている．

(3) システムLSIセンサノード

UCBのスマートダスト，BWRC PicoRADIO[5.77]などがこの分類に含まれる．システムLSIを使用すると，組込みセンサノード設計と比べて配線が単純にできる．また，LSIの占有面積も少なくなるため，機器の小型化が容易になる．CMOS技術，MEMS技術，RF技術を新たな仕組みで融合させる必要がある．これらの多くのプラットフォームは研究段階にあり，市販されているようなものは存在していない．

現状では，汎用コンピュータもしくは組込みセンサノードを利用することを前提として応用が考えられているが，今後はシステムLSIセンサノードの実用化により，応用の拡大が期待できる．

また，従来のインターネット環境で一人が管理するコンピュータの数は，大規模システムの管理者であっても数十台がよいところであろう．一方，センサネットワークでは数百〜数千台規模のノードの管理が要求される場合もある．このようなネットワークでは，従来のように手動で各ノードにアプリケーションをインストールしたりプログラムのアップデートをしたりすることは現実的ではない．

膨大な数のノードをフラットに管理するのではなく，グルーピングをすることによってノード管理を効率化したり，ネットワークの障害を検地して障害ノードを特定したりするような新たな仕組みが必要である．

5.4.4　コストおよびオープン化

　本章で紹介したような事例を含め，センサネットワークに期待される応用例は数多い．しかしながら，研究段階にとどまっているものも多く，商用レベルでの応用はさほど進んでいない．この進展を妨げている要因に，センサネットワークの開発コストがある．センサネットワークはこれまでのネットワークと異なり，実空間の情報を対象としたネットワークであるため，必ずハードウェアを伴った開発が必要となる．しかし，ハードウェアの開発には莫大なコストがかかる上に，ハードウェア自体を量産して販売するとなると，さらにリスクが発生する．第2章で述べられているような実験的なハードウェアを設計する場合でさえ，ハードウェアだけでも1千万円規模の開発費を必要とする．これに加え，ノードに搭載するオペレーティングシステムやアプリケーションの開発ツールなど，様々なアプリケーションに対応できるような汎用センサネットワークシステムを開発するとなると，さらに莫大な費用がかかることになる．

　このような状況を解決する方策としては，大学などが中心となって，オープンで汎用的かつ安価なハードウェア・ソフトウェアプラットフォームを提供し，アプリケーション開発を積極的に促進していくことが考えられる．センサネットワークの秘める可能性の拡大には，低コスト化，オープン化，標準化，研究者コミュニティの協調を必要としている．

5.4.5　プライバシー

　センサネットワーク応用システムの実用化を検討する上で十分に検討する必要があるのが，ユーザのプライバシーをどのように扱うかということである．たとえば5.3節で取り上げたヘルスケア支援などは，ユーザの生体情報，行動情報などきわめてセンシティブなプライバシーを含む情報を扱うことになる．

プライバシーを含む情報を扱う上でまず検討すべきは，プライバシー保護にリスクを与える問題がセキュリティ技術によって解消できるものか，そうでないかという点である．後者に属するものとしては，たとえばユーザの生体情報は通院先の病院では誰でもアクセスできるので，漏洩のリスクが高いといったデータ管理上の問題に属するようなものである．このような問題に対しては，法制度に基づく解決を図っていくことが実質的な効果を持つ．一方，センサネットワークの技術的な脆弱性を突いた情報の盗難などについては，確実な技術的防衛策を講じる必要がある．

参考文献

[5.1] 吉村淳也,脇嶋政博,浦野幸次,和田英彦,藤井靖之,鬼村邦治「フィールドインフォメーションサーバ」横河技報,Vol.47, No.2, pp.57-62, 2003

[5.2] 田代亨,市川商二郎「Fisによる環境計測とコンテンツ」横河技報,Vol.47, No.2, pp.63-66, 2003

[5.3] 山口高志「新しい洪水流量観測手法」WEATHAC Winter, pp.6-9, 2004

[5.4] 木村他「電波流速計・流量観測システム」WEATHAC Winter, pp.10-12, 2004

[5.5] 金田安弘「道路と気象の関わり－新時代へ向けて－」WEATHAC Spring, pp.9-14, 2004

[5.6] 岡本他「新しい路面凍結予測システムの開発」WEATHAC Spring, pp.15-17, 2004

[5.7] 岩城英朗,岡田敬一,白石理人,柴慶治,三田彰,武田展雄「制震・免震構造物へのヘルスモニタリングシステムの適用」JCOSSAR2003論文集,pp.583-590, 2003

[5.8] K.Okada, M.Shiraishi, H.Iwaki, K.Shiba, "Internet-Based Structural Response Monitoring System", In Proceedings of the International Workshop on Advanced Sensors, Structural Health Monitoring, and Smart Structures, 2003

[5.9] J.M.Kahn, et.al., "Mobile Networking for Smart Dust," In Proceedings of the 5th Annual International Conference on Mobile Computing and Networking (Mobicom '99), pp.271-278, 1999

[5.10] B.Warneke, et.al., "Smart Dust : Communicating with a Cubic-Millimeter Computer", Computer, Vol.34, No.1, pp.44-51, 2001

[5.11] B.A.Warneke and K.S.J.Pister, "An Ultra-Low Energy Microcontroller for Smart Dust Wireless Sensor Networks", In Proceedings of the International Solid-State Circuits Conference 2004 (ISSCC2004), 2004

[5.12] Intel Research, "The Promise of Wireless Sensor Networks", Intel, 2004
http://www.intel.com/research/exploratory/wireless_promise.htm

[5.13] http://www.bluetooth.com/

[5.14] http://www.ieee802.org/15/pub/TG4.html

[5.15] http://www.zigbee.org/

[5.16] J.Gehrke and S.Madden, "Query Processing in Sensor Networks", Pervasive Computing, Vol.3, No.1, pp.46-55, 2004

[5.17] J.Hill, et.al., "The Platforms Enabling Wireless Sensor Networks", Communications of the ACM, Vol.47, No.6, pp.41-46, 2004

[5.18] R.Szewczyk, et.al., "Habitat Monitoring with Sensor Networks", Communications of the ACM, Vol.47, No.6, pp.34-40, 2004

[5.19] R.Szewczyk, et.al., "An Analysis of a Large Scale Habitat Monitoring Application", Proceedings of the 2nd ACM Conference on Embedded Networked Sensor Systems (Sensys '04), pp.214-226, 2004

[5.20] A.Cerpa, et.al., "Habitat Monitoring : Application Driver for Wireless Communications Technolog"y, In Proceedings of the ACM SIGCOMM Workshop on Data Communications in Latin America and the Caribbean, pp.20-41, 2001

[5.21] A.Mainwaring, et.al., "Wireless Sensor Networks for Habitat Monitoring", Proceedings of the 1st ACM International Workshop on Wireless Sensor Networks and Applications, pp.88-97, 2002

[5.22] R.Szewczyk, et.al., "Lessons from a Sensor Network Expedition", Proceedings of the 1st European Workshop on Wireless Sensor Networks and Applications, pp.307-322, 2004

[5.23] J.Heiderman, et.al., "Matching Data Dissemination Algorithms to Application Requirements", Proceedings of the 1st International Conference on Embedded Networked Sensor Systems (SenSys '03), pp.219-229, 2003

[5.24] E.Osterweil and D.Estrin, "Tiny Diffusion in the Extensible Sensing Systems at the James Reserve", http://www.cens.ucla.edu/~eoster/tinydiff/, 2003

[5.25] W.Hong, et.al., "TASK : Tiny Application Sensor Kit", http://berkeley.intel-research.net/task/, 2004

[5.26] Center for Embedded Networked Sensing, "Annual Progress Report", http://deerhound.ats.ucla.edu:7777/pls/portal/docs/PAGE/CENS_MAIN/PUBLIC_HOME/ANNUAL_REPORT_COMPLET_04PUB.PDF, 2004

[5.27] http://www.xbow.com/

[5.28] http://www.t-engine.org/japanese.html

[5.29] 総務省近畿総合通信局「センサネットタウンに関する調査検討会報告書」2005

[5.30] http://www.census.gov/ipc/www/world.html

[5.31] Committee on Networked Systems of Embedded Computers (CNSEC), National Research Council, "Embedded, Everywhere : A Research Agenda for Networked Systems of Embedded Computers", National Academy Press, 2001

[5.32] Board on Agriculture and Natural Resources (BANR), National Research Council, "Precision Agriculture in the 21st Century : Geospatial and Information Technologies in Crop Management", National Academy Press, 1998

[5.33] J.Burrell,et.al.,"Vineyard Computing : Sensor Networks in Agricultural Production", Pervasive Computing, Vol.3, No.1, pp.38-45, 2004

[5.34] http://www.aiga.org/resources/content/9/7/8/documents/brooke.pdf

[5.35] W.C.Mann, "The Aging Population and Its Needs", Pervasive Computing, Vol.3, No.2, pp.12-14, 2004

[5.36] A.Pentland, "Healthwear : Medical Technology Becomes Wearable", Computer, Vol.37, No.5, pp42-49, 2004

[5.37] R.DeVaul, et.al., "MIThril 2003 : Applications and Architecture", In Proceedings of the 7th International Symposium on Wearable Computers (ISWC03), pp.4-11, 2003

[5.38] K.Lorincz et al.,"Sensor networks for emergency respose:challenges and opportunities", IEEE Pervasive magazine, pp.16-23, 2004

[5.39] http://Panasonic.co.jp/healthcare/products/health/he_0003.html

[5.40] P.Tang and T.Venebles, "Smart Homes and Telecare for Independent Living", Journal of Telemedicine and Telecare, Vol.6, No.1, pp.8-14, 2000

[5.41] A.Sixsmith, and N.Johnson, "A Smart Sensor to Detect the Falls of the Elderly", Pervasive Computing, Vol.3, No.2, pp.42-47, 2004

[5.42] U.Varshney, "Pervasive Healthcare", Computer, Vol.36, No.12, pp.138-140, 2003

[5.43] E.Dishman, "Inventing Wellness Systems for Aging in Place", Computer, Vol.37, No.5, pp.34-41, 2004

[5.44] http://www.mhlw.go.jp/topics/kaigo/kentou/15kourei/3c.html

[5.45] M.Srivastava, et.al., "Smart Kindergarten : Sensor-based Wireless Networks for Smart Developmental Problem-solving Environments", In Proceedings of the 7th Annual International Conference on Mobile Computing and Networking(Mobicom'01), pp.132-138, 2001

[5.46] S.Park, et.al., "Design of a Wearable Sensor Badge for Smart Kindergarten", In Proceedings of the 6th International Symposium on Wearable Computers (ISWC'02), pp.231-238, 2002

[5.47] P.Steurer and M.B.Srivastava, "System Design of Smart Table", In Proceedings of IEEE International Conference on Pervasive Computing and Communications (PerCom '03), pp.473-480, 2003

[5.48] http://www.t-engine.org/news/pdf/TEP040623e.pdf

[5.49] http://www.hakuhodo.co.jp/news/pdf/20040629.pdf (in Japanese)

[5.50] R.Want, "RFID : A Key to Automating Everything", Scientific American, Vol.290,

No.1, pp.56-65, 2004

［5.51］ R.C.Shah, S.Roy, S.Jain, and W.Brunette, "Data MULEs : Modeling a Three-Tier Architecture for Sparse Sensor Networks", SNPA2003, 2003

［5.52］ K.Fall, "A Delay-Tolerant Network Architecture for Challenged Internet", ACM SIGCOMM'03, 2003

［5.53］ W.Zhao, M.Ammar, and E.Zegura, "A Message Ferrying Approach for Data Delivery in Sparse Mobile Ad Hoc Networks", ACM Mobihoc2004, 2004

［5.54］ K.Dantu, M.Rahimi, H.Shah, S.Babel, A.Dhariwal, and G.Sukhatme, "Robomote : Emabling Mobility in Sensor Networks", ACM Journal Name, Vol.1, No.1, 2004

［5.55］ Y.Tang, et.al., "Planning Mobile Sensor Net Deployment for Navigationally Challenged Sensor Nodes", ICRA04, 2004

［5.56］ L.E.Parker, et.al., "Heterogeneous Mobile Sensor Net Deployment Using Robot Herding and Line of Sight Fromations, IROS03, 2003

［5.57］ K.H.Low, et.al., "Reactive, Distributed Layered Architecture for Resource-Bounded Multi-Robot Cooperation : Application to Mobile Sensor Network Coverage, ICRA04, 2004

［5.58］ 鈴木亮平，澤井圭，牧村和慶，金花賢一郎，斉藤裕樹，鈴木剛，戸辺義人「WISER：ロボットアドホックネットワーク」電子情報通信学会，第1回アドホックネットワーク・ワークショップ，2005

［5.59］ A.Pentland, "Smart Rooms", Scientific American, pp.54-62, April, 1996

［5.60］ T.Sato, Y.Nishida, H.Mizoguchi, "Robotic Room : Symbiosis with human through behavior media", Robotics and Autonomous Systems 18 International Workshop on Biorobotics : Human-Robot Symbiosis, ELSEVIER, pp.185-194, 1996

［5.61］ H.Asama, T.Fujii, H.Kaetsu, I.Endo and T.Fujita, "Distributed Task Processing by a Multiple Autonomous Robot System Using An Intelligent Data Carrier System", in Robotic and Manufacturing Systems, Vol.3 (M.Jamshidi and F.Pin, Eds.), TSI Press, Albuquerque, pp.23-28, 1996

［5.62］ M.A.Batalin, et.al., "Sensor Netowrk-based Multi-Robot TaskAllocation", IROS03, 2003

［5.63］ D.Rus, et.al., "Distributed Algorithms for Guiding Navigation across a Sensor Network", Mobicom03, 2003

［5.64］ L.E.Parker, "Indoor Target Intercept Using an Acoustic Sensor Network and Dual Wavefront Path Planning, IROS03, 2003

[5.65] T.Nakamura, M.Oohara, T.Ogasawara, and H.Ishiguro, "Fast Self-Localization Method for Mobil Robots using Multiple Omnidirection", Machine Vision and Applications Journal, Vol.14, No.2, 2003

[5.66] Y.Arai, T.Fujii, H.Asama, T.Fujita, H.Kaetsu, I.Endo, "Self-Localization of Autonomous Mobile Robots Using Intelligent Data Carriers", in Distributed Autonomous Robotic Systems 2 (H.Asama, T.Fukuda, T.Arai and I.Endo, Eds.), Springer-Verlag, Tokyo, pp.401-410, 1996

[5.67] A.Das, et.al., "Distributed Search and Rescue with Robot and Sensor Teams", FSR-03, pp.327-332, 2003

[5.68] S.Miyama, et.al., "Rescue Robot under Disaster Situation : Position Acquisition with Omni-directional Sensor", IROS2003, Vol.4, pp.3132-3137, 2003

[5.69] H.Ishii and B.Ullman, "Tangible Bits : Towards Seamless Interfaces Between People, Bits and Atoms", in Proc. of Conf. on Human Factors in Computing Systems (CHI97), pp.234-241, 1997

[5.70] J.K.Perng, B.Fisher, S.Hollar, K.S.J.Pister, "Acceleration Sensing Glove", in Proc. of IEEE International Symposium on Wearable Computers, 1999

[5.71] The Brain-Computer Interface Project, http://www.ece.ubc.ca/~garyb/BCI.htm

[5.72] A.K.Dey, D.Salber, G.D.Abowd, and M.Futakawa, "The Conference Assistant : Combining Context-Awareness with Wearable Computing", in Proc. of the 3rd Int. Symposium on Wearable Computers, pp.21-28, 1999

[5.73] S.N.Patel and G.D.Abowd, "The Context Cam : Automated Point of Capture Video Annotation", in Proc. of Ubicomp2004, 2004

[5.74] G.Asada, M.Dong, T.S.Lin, F.Newberg, G.Pottie, W.J.Kaiser, and H.O.Marcy, "Wireless Integrated Network Sensors : Low Power Systems on a Chip", in Proc. of the 1998 European Solid State Circuits Conference, 1998

[5.75] A.Savvides and M.B.Srivastava, "A Distributed Computation Platform for Wireless Embedded Sensing", in the Proc. of ICCD2002, 2002

[5.76] http://www.ember.com/

[5.77] J.Chou, D.Petrovic, K.Ramchandran, "A Distributed and Adaptive Signal Processing Approach to Reducing Energy Consumption in Sensnor Networks", in the Proc. of IEEE INFOCOM, 2003

索　引

【ア行】
アイドルリスニング　104
アドホックネットワーク　115
位置検出　20
位置測定　99
ウェアラブルコンピューティング　6
ウェーブレット変換　26
ウォルマート社　225
エコーネット　49

【カ行】
開口合成　14
外部ストレージ方式　127
カクテルパーティ効果　15
気象センサ　190
グレートダック島　208
慶應義塾大学来往舎　203
校正　19, 31
高度センサネットワーク環境　146
コンテキスト　175
コンテンション方式　104

【サ行】
坂村健　5
色彩角　23
色彩テクスチャ分布角　23
時刻同期　96
実世界指向　179

状況適応型サービス　72
信頼性　136
水文センサ　190
スケジューリング方式　104
スターメッシュ型トポロジー　63
スマートスペース　177
スマートダスト　42
スリープモード　50
宣言的問合せ言語　159
センサフュージョン　14

【タ行】
知能化センサ　18
適応型トポロジ　109
データ散布方式　127
データセントリック　126, 148
データセントリックストレージ方式　133
データセントリックルーティング　154
電源問題　79
同期　19, 31
トポロジ制御　113
トレーサビリティ　9

【ナ行】
西宮市　214
日本女子大百年館　202
ネットワーク内データ集約　156
ネットワーク内部処理　125

索引

【ハ行】
バイオメトリクス　21
バイタルケアネットワーク　175
バッテリレス無線センサネットワーク　82
微気候　208
フィールドサーバ　216
輻輳制御　139
フラッディング　152

【マ行】
マイクロノード　66
緑のセンサネット　216
無線LAN　47
無線モジュール　45
メトロ社　226
モバイルエージェント　174

【ヤ行】
ヤドリバエ　34
ユビキタスコンピューティング　5, 71

【ラ行】
レンジフリー　84
レンジフリー位置測定　100
レンジベース　84
レンジベース位置測定　100
連続的問合せ　164
ローカライゼーション　83
ローカルストレージ方式　129
ロケーションアウェア　178

【英数字】
1-wire　49

ACQP　160
Active Bat　85
AhroD　173
Andy Hopper　5
AOA　89
AODV　119
APIT測定　102
Augument-able Reality　7
AwareHome　6, 176

Bluetooth　47

CCDカメラ　28
Centroid測定　100
C-MAP　7
CodeBlue　222
consistency　8
COTSダスト　43
Cougar　151
CQ　164
Cricket　85
Cyberguide　7

dessemination　11
Directed Diffusion　129, 154
DSR　117
DV-Hop測定　101

EasyLiving　6
ECAルール　173

FBG　202
FIBSSR　22
Fis　196
Fusion　139

GAF　111
GHT　134
GML　170
GPS　84

索引

GPSR　　123, 134
Greedy Forwarding　　123
G-XML　　170

HotNode　　68

iBadge　　225
i-Bean　　63
IEEE1451　　48
IrisNet　　174

Ja-Net　　174

LEACH　　105
LonWorks　　49

MACプロトコル　　104
MANET　　11
Mark Weiser　　5
MEMS　　24
MICA MOTE　　52
MIThril　　219
MOTE on a chip　　62, 172

NaviCam　　7
NesC　　58

OLSR　　120
One-Phase Pull Diffusion　　132

Paintable Computing　　73
PAVENET　　77
Perimeter Forwarding　　123
picoPlangent　　174
Pin and Play　　81
PoE　　48
PSFQ　　136

Push Diffusion　　131
Pushpin Computing　　73

Range-based　　84, 100
Range-free　　84, 100
RBS　　96
RFID　　3
Robomote　　228
RWML　　170

SensorMAC　　107
SensorML　　171
SensorWeb　　72
S-MAC　　107
SmartHead　　33
SmartIts　　71, 172
Smart Space Laboratory　　6
Span　　110
SPIN　　127
SQUARE　　23
Star-Mesh　　63
STONEルーム　　6

TAG　　132
Tangible Bit　　228
TBRPF　　121
TDOA　　84
Telos　　62
T-Engine　　230
TinyDB　　151, 160
TinyOS　　54
TOA　　84
Touring Machine　　7
TRON　　5
Two-Phase Pull Diffusion　　130

U-Cube　　75

USB	48	XML	170
UWB	47		
		ZigBee	47
Wearable Remenbrance Agent	7		

〈編著者紹介〉

安藤　繁（第1章）
　学　歴　東京大学大学院工学系研究科計数工学専攻博士課程修了　工学博士（1979）
　職　歴　東京大学工学部計数工学科助手，講師（1979）
　　　　　電気通信大学電気通信学部電子情報学科助教授（1984）
　　　　　東京大学大学院情報理工学系研究科システム情報学専攻教授

田村陽介（第3章）
　学　歴　慶應義塾大学大学院政策メディア研究科博士課程修了　博士（政策・メディア）（2001）
　職　歴　株式会社ソニーコンピュータサイエンス研究所

戸辺義人（第1章）
　学　歴　カーネギーメロン大学 Electrical and Computer Engineering 修士課程修了（1992）
　　　　　博士（政策・メディア）（2000）
　職　歴　株式会社東芝（1986）
　　　　　慶應義塾大学（1997）
　　　　　東京電機大学工学部教授

南　正輝（第2章）
　学　歴　東京大学大学院工学系研究科電子情報工学専攻博士課程修了　博士（工学）（2001）
　職　歴　東京大学大学院リサーチアソシエイト（2001）
　　　　　東京大学大学院特任教員，助手（2002）
　　　　　芝浦工業大学工学部電子工学科講師

〈著者紹介〉

板生知子（第4章）
　東京大学大学院工学系研究科電子情報工学専攻博士課程修了　博士（工学）（2003）
　日本電信電話株式会社未来ねっと研究所研究主任

白石　陽（第4章）
　慶應義塾大学大学院理工学研究科計算機科学専攻修士課程修了（1996）
　博士（工学）（2004）
　東京大学空間情報科学研究センター研究機関研究員

田村　大（第5章）
　東京大学大学院学際情報学府博士課程単位取得退学（2005）
　株式会社博報堂研究開発局主任研究員

鬼村 邦治（第5章）
　　東京工業大学大学院電気工学修士課程修了（1972）
　　横河電子機器株式会社取締役

郭 宇（第5章）
　　山形大学大学院工学研究科システム情報工学専攻博士後期課程修了 博士（工学）（1999）
　　シスコシステムズ株式会社

芝川 晃一（第5章）
　　名古屋大学大学院理学研究科地球惑星理学専攻博士前期課程修了（2001）
　　シスコシステムズ株式会社

鈴木 剛（第5章）
　　埼玉大学大学院理工学研究科博士後期課程生産科学専攻修了 博士（工学）（1998）
　　東京電機大学工学部情報通信工学科助教授

瀬崎 薫（第4章）
　　東京大学大学院工学系研究科電気工学専攻博士課程修了 工学博士（1989）
　　東京大学空間情報科学研究センター助教授

星 哲夫（第2章）
　　電気通信大学電気通信学部電子工学科卒業（1976）
　　横河電機株式会社知的財産権・標準化センター長

三田 彰（第5章）
　　カリフォルニア大学サンディエゴ校大学院工学研究科応用力学専攻博士課程修了 Ph.D.（1986）
　　慶應義塾大学理工学部教授

山崎 憲一（第2章）
　　東北大学大学院工学研究科電気及び通信工学専攻博士前期課程修了（1986）
　　博士（工学）（2001）
　　株式会社NTTドコモ主幹研究員

センサネットワーク技術
ユビキタス情報環境の構築に向けて

2005年5月20日　第1版1刷発行	編　著　　安藤　繁　　田村陽介 　　　　　　戸辺義人　　南　正輝
	発行所　　学校法人　東京電機大学 　　　　　東京電機大学出版局 　　　　　代表者　加藤康太郎
	〒101-8457 東京都千代田区神田錦町2-2 振替口座　00160-5-71715 電話　(03)5280-3433（営業） 　　　(03)5280-3422（編集）
印刷　三立工芸㈱ 製本　渡辺製本㈱ 装丁　福田和雄＋小口翔平 　　　（FUKUDA DESIGN）	ⓒ Ando Shigeru, Tamura Yosuke, 　 Tobe Yoshito, Minami Masateru 　 2005 　 Printed in Japan

＊無断で転載することを禁じます。
＊落丁・乱丁本はお取替えいたします。

ISBN 4-501-32470-8　C3055

データ通信図書／ネットワーク技術解説書

ユビキタス無線ディバイス
**ICカード・RFタグ・UWB・ZigBee
・可視光通信・技術動向**

根日屋英之・小川真紀 著
A5判 236頁

ユビキタス社会を実現するために必要な至近距離通信用の各種無線ディバイスについて，その特徴や用途から応用システムまでを解説した．

ディジタル移動通信方式 第2版
基本技術からIMT-2000まで

山内雪路 著
A5判 160頁

工科系の大学生や移動体通信関連産業に従事する初級技術者を対象として，ディジタル方式による現代の移動体通信システムを概説し，そのためのディジタル変復調技術を解説する．

スペクトラム拡散技術のすべて
CDMAからIMT-2000，Bluetoothまで

松尾憲一 著
A5判 324頁

数学的な議論を最低限に押さえることにより，無線通信事業に関わる技術者を対象として，できる限り現場感覚で最新通信技術を解説した一冊．

モバイルコンピュータのデータ通信

山内雪路 著
A5判 288頁

モバイルコンピューティング環境を支える要素技術であるデータ通信プロトコルを中心に，データ通信技術全般を平易に解説した．

ネットワーカーのための
IPv6とWWW

都丸敬介 著
A5判 196頁

インターネットの爆発的普及に伴って開発された新世代プロトコル：IPv6の機能を中心に，アプリケーション機能の実現にかかわるプロトコル全般について解説．

ユビキタス無線工学と微細RFID 第2版
無線ICタグの技術

根日屋英之・植竹古都美 著
A5判 192頁

広く産業分野での応用が期待されている無線ICタグシステム．これを構成する微細RFIDについて，その理論や設計手法を解説した一冊．

スペクトラム拡散通信 第2版
高性能ディジタル通信方式に向けて

山内雪路 著
A5判 180頁

次世代無線通信システムの基幹技術となるスペクトラム拡散通信方式について，最新のCDMA応用技術を含めてその特徴や原理を解説．

MATLAB/SimulinkによるCDMA

サイバネットシステム㈱・真田幸俊 共著
A5判 186頁

次世代移動通信方式として注目されているCDMAの複雑なシステムを，アルゴリズム開発言語「MATLAB」とブロック線図シミュレータ「Simulink」を用いて解説．

GPS技術入門

坂井丈泰 共著
A5判 224頁

カーナビゲーションシステムや建設，農林水産，レジャーなど社会システムのインフラとして広く活用されているGPS技術の原理や技術的背景を解説した一冊．

ネットワーカーのための
イントラネット入門

日本ユニシス情報技術研究会 編
B5変型 194頁

イントラネットの技術を構成する二つの技術的観点，インターネットの技術とアプリケーションレベルの技術から解説．イントラネットの構築に必要な知識をわかりやすくまとめた．

＊定価，図書目録のお問い合わせ・ご要望は出版局までお願い致します．